南方电网水库优化调度案例精选

李崇浩　主编

·北京·

内 容 提 要

水电是我国装机规模最大的清洁能源，开展水库优化调度，促进清洁能源充分、高效利用，具有显著的经济效益和社会效益。

本书在大量水库优化调度业务生产实践的基础上，总结了水库调度专业管理和技术人员从业多年的宝贵经验。全书共5章，包括水电厂单库优化调度、梯级水电厂群联合优化调度、跨流域水电优化调度、电网水火电及跨省区大电网优化调度、水库综合用水及应急调度等。本书所选的水库优化调度案例均来自南方电网水库及水电厂优化调度运行生产实践，具有较强的实践性、指导性和针对性。

本书可作为电力系统水库调度及水电厂运行专业的培训用书，也可作为高等院校相关专业的教材和参考书。

图书在版编目（CIP）数据

南方电网水库优化调度案例精选 / 李崇浩主编. -- 北京 : 中国水利水电出版社, 2021.1
ISBN 978-7-5170-9360-2

Ⅰ. ①南… Ⅱ. ①李… Ⅲ. ①水力发电站－水库调度－案例 Ⅳ. ①TV697.1

中国版本图书馆CIP数据核字(2021)第044981号

书　　名	**南方电网水库优化调度案例精选** NANFANG DIANWANG SHUIKU YOUHUA DIAODU ANLI JINGXUAN
作　　者	李崇浩　主编
出版发行	中国水利水电出版社 （北京市海淀区玉渊潭南路1号D座　100038） 网址：www.waterpub.com.cn E-mail：sales@waterpub.com.cn 电话：(010) 68367658（营销中心）
经　　售	北京科水图书销售中心（零售） 电话：(010) 88383994、63202643、68545874 全国各地新华书店和相关出版物销售网点
排　　版	中国水利水电出版社微机排版中心
印　　刷	北京瑞斯通印务发展有限公司
规　　格	184mm×260mm　16开本　8.25印张　196千字
版　　次	2021年1月第1版　2021年1月第1次印刷
印　　数	0001—1500册
定　　价	**65.00**元

《南方电网水库优化调度案例精选》

编委会

编写单位：中国南方电网电力调度控制中心

前言

FOREWORD

南方电网区域包含广东、广西、云南、贵州、海南5省（自治区），区域内水能资源十分丰富，水电装机规模庞大，涵盖红水河、乌江、澜沧江、金沙江、怒江5个大型水电基地，2019年年底水电装机容量约占全国的1/3。水电作为我国规模最大的清洁能源，开展水库优化调度，具有十分显著的社会和经济价值。

本书是在各调度机构、流域集控中心及水电厂等单位多年水库优化调度实践经验的基础上总结提炼而成的，全书共5章，包括水电厂单库优化调度、梯级水电厂群联合优化调度、跨流域水电优化调度、电网水火电及跨省区大电网优化调度、水库综合用水及应急调度，每章由精选的水库或水电优化调度案例组成，重点介绍了优化调度实施的时间、背景、过程、采取的措施以及取得成效。本书的相关内容来自生产实践，具有较强的指导性和针对性，可指导从事水电调度工作的相关专业人员开展复杂梯级流域水电调度优化，提高水能利用率，促进清洁能源消纳，实现电网企业和发电（水电）企业互利共赢，促进国民经济高质量发展。

本书由中国南方电网电力调度控制中心（以下简称“南网总调”）、云南电力调度控制中心（以下简称“云南中调”）、广西电网电力调度控制中心（以下简称“广西中调”）、贵州电网有限责任公司电力调度控制中心（以下简称“贵州中调”）以及华能澜沧江水电股份有限公司集控中心（以下简称“华能澜沧江集控”）、云南华电金沙江中游水电开发有限公司集控中心（以下简称“金中集控”）、中国大唐集团有限公司广西分公司（红水河）集控中心（以下简称“大唐广西集控”）、贵州乌江水电开发有限责任公司水电站远程集控中心（以下简称“乌江集控”）、贵州黔源电力股份有限公司水电站远程集中控制中心（以下简称“黔源集控”）、中国长江电力股份有限公司三峡水利枢纽梯级调度通信中心（以下简称“三峡梯调”）、南方电网调峰调频发电有限公司鲁布革水力发电厂（以下简称“鲁布革水电厂”）、天生桥一级水电开发有限责任公司水力发电厂（以下简称“天一水电厂”）、天生桥二级水力发电有限公司天生桥水力发电总厂（以下简称“天二水电厂”）、金安桥水电站有限公司（以下简称“金安桥水电厂”）、大唐观音岩水电开发有限公司（以下简称“观音岩水电厂”）等单位的水电调度专业技术人员共同编写。

由于作者专业技术水平和能力有限，书中难免存在不足之处，敬请读者和相关专业人员批评指正。

作者

2020年9月

目录

CONTENTS

第一章 水电厂单库优化调度

水电厂单库优化调度是指在保证大坝安全和满足电网、水电厂和水库综合利用运行约束的前提下，优化水库调度安排，提高水库的综合效益。常用的优化调度措施有预泄腾库、汛限水位动态控制、拦蓄洪尾、厂内经济运行、降低发电水耗等。

案例一 龙滩水电厂汛前科学安排消落腾库

一、实施时间

2018年1月1日—4月30日。

二、实施背景

1. 调度背景

2018年年初，红水河流域水库蓄能偏多，天一水电厂、光照水电厂、龙滩水电厂水库蓄水量分别为45.23亿m^3、16.83亿m^3、68亿m^3，比多年同期偏多约15亿m^3，其中龙滩水电厂水库年初水位361.53m，同比偏高4.74m。根据气象部门中长期降水量预测，预计2018年红水河流域入汛时间偏早、降水偏多，汛期广西水电弃水风险较高。为促进富余水电消纳，减少汛期广西水电弃水，需优化龙滩水电厂汛前腾库调度，提前安排水库消落至死水位。

2. 面临困难

(1) 来水偏多、偏早。2018年1—4月，红水河流域降雨比多年平均偏多23.1%，天然来水偏丰32.8%。龙滩水电厂及以下流域自4月1日开始入汛，较常年偏早约20天。

(2) 设备检修限制多。2018年1—4月，预计对龙滩水电厂腾库有影响的计划检修工作如下：桥巩水电厂3台机组叠加检修，对应过流能力限制为1700m^3/s，累计影响时长34天；岩平线检修，岩滩水电厂出力限制为1000MW，对应过流能力限制为1900m^3/s，影响时长6天；龙平甲线检修，岩滩水电厂出力限制为950MW，对应过流能力限制为1800m^3/s，影响时长4天，配合贵南高铁工程，岩沙线迁改施工，岩滩水电厂出力限制为1200MW，对应最大过流能力限制为2200m^3/s，计划影响时长17天。上述各类检修时间长、约束大，为避免产生检修弃水，龙滩水电厂需根据检修情况，动态调整发电计划，对汛前腾库形成较大制约。

(3) 电网调峰困难。近年来，广西电网峰谷差率为45%～65%，区域内风电、光伏、核电等新能源快速发展导致电网调峰困难。截至 2018 年年初，广西电网风电、光伏、核电装机容量分别已达到 2111MW、550MW、2172MW，调峰难度进一步增加。红水河梯级水电厂作为电网的主要调峰电源，为确保电网安全稳定，配合电网调峰，夜间水电机组压低负荷运行，导致日均出力偏低，在一定程度上影响了龙滩水电厂汛前水位消落。

三、优化调度过程

(1) 细化水库消落计划。以南网总调下达的中长期发电计划为依据，结合电网运行形势，将汛前消落目标水位 330.00m 优化调整到 4 月底完成。

1) 充分考虑 1—4 月流域梯级各水电厂机组及线路检修，春节、清明节、“壮族三月三”等假期对负荷需求变化的影响等因素，优化调整 1—4 月末水位控制节点，月末水位分别按 352.50m、343.00m、337.00m、330.00m 控制，2018 年 1—4 月龙滩水电厂水位过程如图 1.1-1 所示。

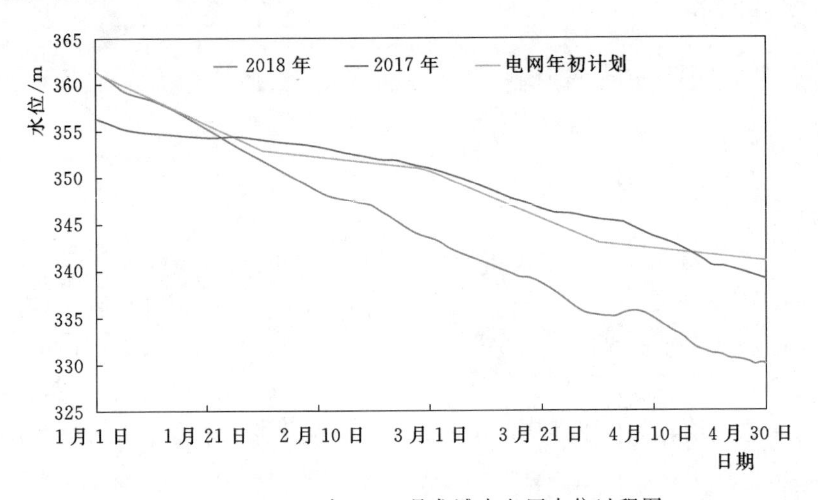

图 1.1-1　2018 年 1—4 月龙滩水电厂水位过程图

2) 执行过程中采取“先紧后松”策略，前期（1—2 月）在冬季寒潮天气负荷需求大、流域无降雨时尽可能多发电，减小后期（3—4 月）因入汛偏早、来水偏多带来的压力。

3) 强化滚动调整原则，灵活运用“前缺后补”办法，按进度计划有序推进并根据实际情况及时作出调整。

(2) 科学运用中长期预报成果。加强与气象部门沟通，定期或不定期开展气象水情会商，滚动研判后期降雨及来水形势，通过多种模式预测结果显示，2018 年流域入汛时间偏早、前汛期降雨偏多、来水偏丰的可能性很大。结合前期降雨及来水实际，分析历史水雨情资料数据，及时调整 2—3 月发电方案与控制策略。除 2 月春节长假期间外，其余时段基本按下游过流能力发电，3 月末水位较中长期方案多消落 7.7m，极大地减轻了 4 月水位消落的压力。

(3) 优化设备检修计划。实时跟踪龙滩水电厂下游梯级流域水电厂检修计划，滚动分析检修计划对龙滩水电厂发电的限制和影响，及时向南网总调、广西中调提出优化调整建议。在两级电网调度部门的大力支持下，优化下游桥巩水电厂的机组、主变检修工期，经调整后桥巩水电厂仅在3月11—16日有3台机组重叠检修，较此前计划影响的34天整整缩短了28天；同时，协调岩沙线迁改施工推迟至5月4日开展，减少影响龙滩水电厂出库流量的时间约10天。

（4）抓住抢发电量时机，优化电网调峰。1月，充分利用两次强冷空气导致负荷需求上涨的时机，安排龙滩水电厂按下游梯级过流能力发电，日均发电量达5200万kW·h，水位下降9.70m，比原计划多消落1m；3月19—24日岩平线检修、3月31日—4月3日龙平线检修期间，岩滩水电厂最大出力限制分别为1000MW和950MW，向广西中调申请调整岩滩水电厂日内计划曲线，加大低谷时段出力、减小负荷峰谷差，使岩滩水电厂日均出力达800MW，将其过流限制降至最低，避免出现因岩滩水电厂水库水位偏高制约龙滩水电厂出库的情况。龙滩水电厂2018年1—4月出库及下游过流过程线如图1.1-2所示。

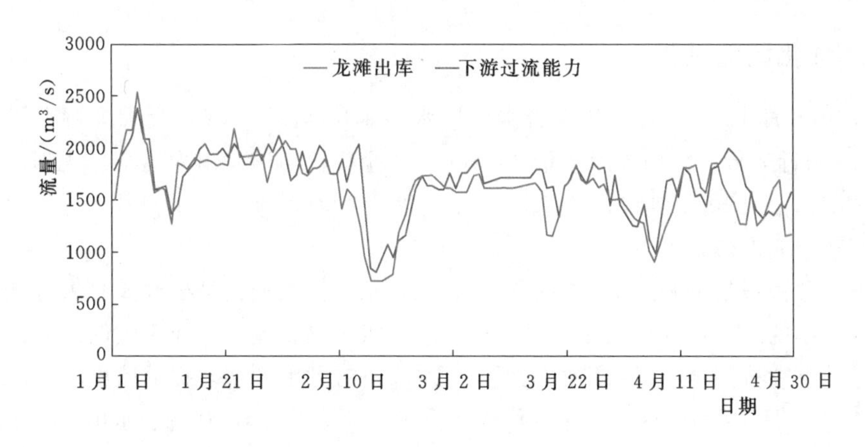

图1.1-2 龙滩水电厂2018年1—4月出库及下游过流过程线

四、优化调度成效

（1）龙滩水电厂水库水位4月底降至死水位330.00m，较往年提早20天，刷新龙滩水电厂水库水位消落记录，有效地应对了年初蓄能偏多、汛前来水偏丰、汛期来水提前和弃水风险高等不利局面。

（2）龙滩水电厂水库5月底较常年多腾库水量约7.5亿m^3，抢发电量9亿kW·h，为2018年红水河梯级甚至广西电网零弃水电量目标打下坚实的基础。

五、本案例其他有关情况

本次优化调度打破了龙滩水电厂水库多年来5月才消落到最低水位的惯性思维，更新了水库优化调度观念，积累了年调节水库汛前优化腾库的新经验，汛前水位消落目标的调整，为促进2018年广西电力市场化改革创造了有利条件。

案例二　观音岩水电厂气象预报预泄调度

一、实施时间

2019年8月12日—9月7日。

二、实施背景

观音岩水电厂属于金沙江中游流域，全厂装机容量3000MW，设计引用流量3225m^3/s，水库正常蓄水位1134.00m，死水位1122.00m，8—9月汛限水位为1128.80m，汛限水位至死水位之间库容为2.9亿m^3。2019年8月金沙江流域来水偏枯，且在月内时段分配不均，部分时段不满足全厂机组满发流量，利用气象预报信息成果，实施预泄调度，提高水能利用率，增发电量。

三、优化调度过程

2019年8月12日0时，观音岩水电厂水库水位1128.50m，全天维持在汛限水位1128.80m附近运行，日均入库流量3355m^3/s，全厂机组满发出力运行，无泄洪；2019年8月13日，全厂机组满发出力运行，无泄洪，日均入库流量小幅减少至3122m^3/s，降至全厂机组满发流量以下。

根据气象预报信息和水情会商情况，观音岩水电厂水调人员研判8月末金沙江中游将有一次连续的降雨过程，入库流量将再次超过机组满发流量，故决定向南网总调和云南中调申请继续按照全厂机组满发运行，对水库进行预泄调度，提前腾库。

2019年8月13—20日，水库日均入库流量为2952m^3/s，观音岩水电厂在电网调度机构的大力支持下，按照全厂机组满发的运行方式对水库水位进行消落，平均每日降低水库水位0.50m，至8月21日0时消落至1124.20m。

2019年8月21—30日，水库日均入库流量为2386m^3/s，机组继续保持平均2500MW的出力消落水位，水库水位于8月30日9时消落至1122.10m。

2019年8月24日开始，金沙江中游流域开始出现零星降雨；8月27日开始雨势转大，并出现持续的小到中雨的降雨过程；8月27日—9月5日金沙江中游流域累计面雨量为73mm，受降雨以及上游水电厂调蓄后的影响，来水从8月31日开始逐步增加，8月31日—9月5日水库日均入库流量增加至2931m^3/s，机组平均出力2800MW，水库水位维持在1123.00～1125.00m附近运行。2019年8月24日—9月5日金沙江中游流域逐日面雨量如图1.2-1所示。

2019年9月6—7日，受降雨及上游水电厂开闸泄洪的共同影响，入库流量迅速上升至4000m^3/s以上，再次超过机组满发流量，机组按照满发出力运行，水库水位逐步上涨至汛期限制水位1128.80m附近后开闸泄洪。2019年8月12日—9月7日观音岩水电厂水库调度过程如图1.2-2所示。

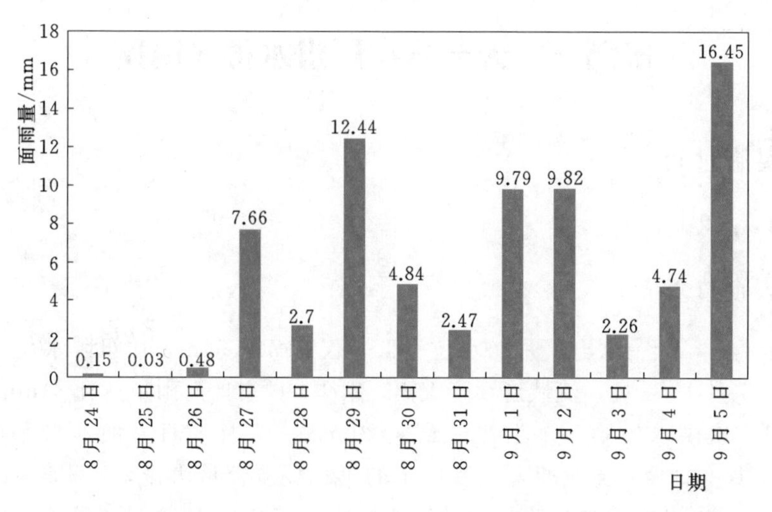

图 1.2-1　2019 年 8 月 24 日—9 月 5 日金沙江中游流域逐日面雨量图

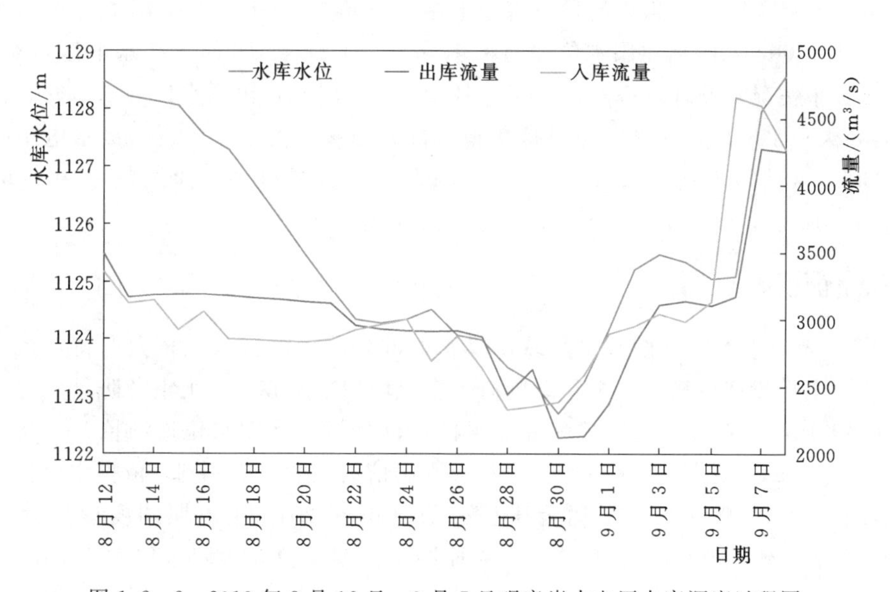

图 1.2-2　2019 年 8 月 12 日—9 月 7 日观音岩水电厂水库调度过程图

四、优化调度成效

2019 年 8—9 月，观音岩水电厂发电量为 3.93 亿 kW·h，同比增加 10.4%，创历史同期新高；水能利用率为 85.3%，同比提高 70.4%；弃水电量仅为 1.87 亿 kW·h，同比大幅减少 76.5%。

五、本案例其他有关情况

该类优化调度适用于具有一定调节库容的堤坝式水电厂，结合气象预报，分析预判流域来水时间点，可开展提前腾库，重复利用水库的调节库容，增发电量。

案例三　天一水电厂洪水优化调度

一、实施时间

2017 年 7—9 月。

二、实施背景

2017 年 7 月，天一水电厂月初水位较低，仅有 749.54m，比汛限水位（773.10m）低 23.56m。7 月 1—4 日，流域连续降大雨，7 月 4 日累计面雨量达到 84mm，7 月 3 日 10 时，达到本次洪水的第一个洪峰流量 4420m^3/s。7 月 8 日 0 时，水库水位上升至 760.85m。7 月 8 日后，流域迎来 7 月以来的第二场全流域大雨，7 月 8—10 日三日累计面雨量 47mm。入库流量逐步增大，7 月 8 日 17 时，入库流量增至 2000m^3/s 以上，此后流域仍有局部降雨，入库流量一直稳定在 2000m^3/s 以上。7 月 18 日 0 时，水库水位上涨至 771.00m，距离汛限水位仅有 2.10m。7 月 18 日 18 时天一水电厂机组满发。根据来水预报情况，预计水库水位将于 7 月 19 日 15 时到达汛限水位 773.10m。7 月 18 日 18 时，天一水电厂按照珠江防汛抗旱指挥部办公室《关于天生桥一级水电站防洪调度的通知》（珠汛办电〔2017〕28 号）的指示开闸泄洪，泄洪流量由 0 增加到 1000m^3/s，加上发电流量 1000m^3/s，最大出库流量 2000m^3/s。

三、优化调度过程

2017 年天一水电厂汛期来水呈现出洪水时间较早、洪水量级较大的特点，7 月 18 日泄洪为水电厂投产以来历史最早。同时，全流域均来水较大，上下游防洪压力严峻。

7 月 21 日，随着天一水电厂入库流量的不断增大，水库水位逐渐抬升，已逼近汛限水位 773.10m，根据厂内水调专业人员对水雨情信息的分析研判，依据水电厂设计文件规定和《珠江防总办关于下达天生桥一级水电站 2017 年汛期调度运用计划的通知》（珠汛办〔2017〕27 号）的要求，为控制主汛期水位在汛限水位 773.10m 以下运行，需加大泄量，泄洪流量由 1600m^3/s 加大至 2000m^3/s，总出库流量加大至 3000m^3/s。经厂内水情会商决定后，编制《天生桥一级水电站水库调整泄洪报告》，上报至珠江防汛抗旱总指挥部办公室。

在珠江防汛抗旱总指挥部（以下简称“珠江防总”）办公室对天一水电厂的请示做出电话批复后，天一水电厂接到下游平班水电厂紧急通知，平班水电厂库区网箱出现松动，一旦网箱被洪水冲散，将造成难以估量的后果。接到紧急通知后，防汛值班人员立即汇报珠江防总办公室，取消加大泄洪操作，维持原出库流量不变，为下游水电厂分担防洪压力。在此次紧急调度过程中，水库超汛限水位 1.22m 运行，拦蓄洪水 1.91 亿 m^3，成功帮助下游的水电厂度过险情，避免了下游的人员伤亡和财产损失。

8 月中旬、下旬，红水河上游降雨持续，其中北盘江流域、龙滩水电厂水库近坝区降雨较为集中，龙滩水电厂水库日入库流量已涨至 6000m^3/s 以上，经天一水电厂水调专业人员研判分析，在预见期内入库流量较小，防洪风险可控，可以保证防洪安全；为减小龙滩水电厂水库的防洪压力，经珠江防总办公室同意，天一水电厂减小泄洪流量，水库短时超汛限水位运行，拦蓄南盘江上游洪尾，为龙滩水电厂水库错峰，减小了龙滩水电厂水库防洪压力。

在此次调度过程中，天一水电厂水库最高水位为775.46m，超汛限水位2.36m运行，拦蓄洪水3.74亿m^3，截至主汛期末2017年9月10日24时，水位为775.02m，超出汛限水位1.92m，增加蓄水3.03亿m^3；2017年天一水电厂主汛期水位过程线如图1.3－1所示。

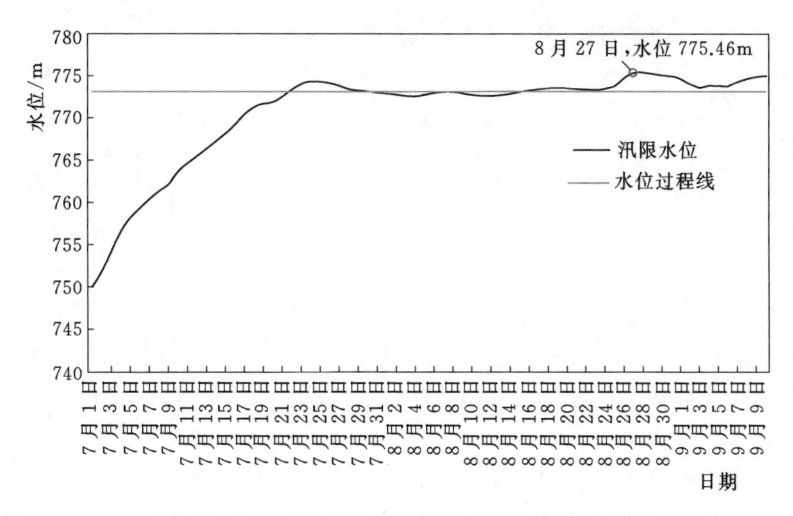

图1.3－1 2017年天一水电厂主汛期水位过程线

四、优化调度成效

在2017年汛期的两次汛限水位动态控制过程中，充分发挥了水库滞洪、缓洪、削峰、错峰作用，创造了极大的防洪效益，保障了下游的防洪安全。同时，与主汛期末水位控制在汛限水位773.10m相比，此次调度过程中天一水电厂增加蓄水3.03亿m^3，可增发电量0.9亿kW·h，获得了良好的经济效益。2017年天一水电厂入库流量、出库流量过程线如图1.3－2所示。

五、本案例其他有关情况

汛限水位动态控制，总的原则是在确保防洪安全前提下，在防洪风险可控、工程条件和调度应用技术满足防洪要求的情况下发挥枢纽综合效益，并非任何水库都实行汛限水位动态控制，其实施的条件如下：

（1）水库的调节性能。对水库工程特性认真进行分析、研究，若水库调洪库容太小，汛限动态应用意义不大。科学分析论证洪水形成的原因，留有余地应用防洪库容，以便应对预报误差等不利因素影响。同时与原设计单位一起研究应用条件在实际运行中发生的变化。

（2）可靠的水文自动测报和自动化调度系统。建立符合动态控制应用的健全的水文

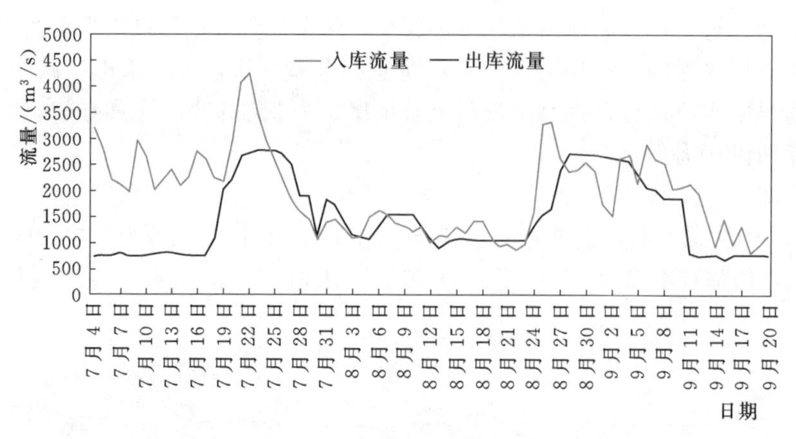

图 1.3-2　2017 年天一水电厂入库流量、出库流量过程线

自动测报和自动化调度系统，并针对不同的动态控制应用开展专题分析和研究，得出防洪风险可控的论证成果，提出汛限水位动态控制的一整套方案、方法及应急应对措施，经主管部门审批同意后实施。

（3）健全的水文气象预报体系。加强水文预报方法研究，努力提高水文预报精度和预见期，特别是要建立完整的水文气象预报机制，争取做到短期预报（3 天以内）满足水文预报精度的定量降水预报、中期（4～10 天）的降水系统趋势预报，为提前调整水库调度方案争取必要的时间。

（4）实时跟踪预报。要有实时跟踪预报的设备、条件和能力，并在整个汛期处于正常运行状态，只有实时跟踪预报，才能为汛限水位动态控制提供技术保证，将防汛风险可控落到实处。

（5）完备的防洪预案。根据枢纽防洪要求，完善各种防洪调度预案，使所有防洪的风险都在可以控制的范围内，这就要求科学分析和研究，提出可实施汛限水位动态控制的条件和标准，并在实践中不断完善。

案例四　鲁布革水电厂拦蓄洪尾增发电量

一、实施时间

2016 年 9 月 6 日 15 时—9 月 18 日 24 时。

二、实施背景

1. 调度背景

鲁布革水电厂属于黄泥河流域，水电厂共有 4 台机组，装机容量为 600MW，设计满发引用流量 214m³/s，全部机组满发日发电量为 1440 万 kW・h。鲁布革水电厂水库为不完全季调节水库，库容小、调节能力差。根据珠江水利委员会批复的鲁布革水库汛期调度运用计划，汛期为 5 月 20 日—9 月 30 日，水库水位控制在死水位 1105.00m 至汛限水位 1113.50m 之间运行，其相应调节库容为 1900.78 万 m^3。汛期可以利用此调节库容，通过优化水库调度，循环往复拦蓄每次洪尾增发电量。

2. 拦蓄洪尾策略

鲁布革水电厂洪水暴涨暴落，汛期水库大量泄洪，但仍有 1/3 的时间来水不够满发，因此可以在汛期每次洪水退水时拦蓄洪尾至汛限水位附近，当洪水过后来水不够满发时供水发电，以此循环往复拦蓄每次洪尾增发电量。具体策略如下：

(1) 在汛期来水不够满发时，若后期 3～5 天气象预报有大到暴雨及以上强降水过程，申请提前加大出力，降低水库水位，提前腾库做好拦蓄洪尾的准备。

(2) 当强降水发生后，洪水入库，机组满发，根据入库流量逐级开启泄洪闸门，控制水库水位在汛限水位以下运行。

(3) 在洪水退水过程，若气象预报后期 5～7 天无强降水过程，则提前关闭泄洪闸门，在机组满发不减负荷的情况下，拦蓄洪尾蓄水至汛限水位附近运行。

(4) 洪水退去，来水不够满发，此时可利用拦蓄的洪尾水量供水发电，且必须在下一次洪水到来之前将拦蓄的洪尾水量供水发电，否则拦蓄的洪尾水量仍有可能因下次洪水的提前到来，成为泄洪水量。

三、优化调度过程

2016 年 9 月已是流域后汛期，暴雨洪水较少发生，水库水位正常应保持在 1109～1110m 之间，减小发电水耗。但 9 月 6 日水调专业人员收到气象部门强降水过程预报，通过查看卫星云图，组织水情会商，研判后期鲁布革水电厂流域将出现一场洪水过程，决定 9 月 7 日起向南网总调申请加大出力，提前腾库降低水库水位，为拦蓄洪尾增发电量做好准备。2016 年 9 月 6—18 日鲁布革水电厂水情数据统计见表 1.4-1。

表 1.4-1　2016 年 9 月 6—18 日鲁布革水电厂水情数据统计表

日期	流域平均降雨量 /mm	平均入库流量 /(m^3/s)	平均发电流量 /(m^3/s)	平均泄洪流量 /(m^3/s)	日末水库水位 /m	发电量 /(万 kW·h)
2016-9-6	1	150	127	0	1109.62	848
2016-9-7	0	122	146	0	1108.69	971
2016-9-8	1	114	146	0	1107.36	971
2016-9-9	47	125	106	0	1108.13	719
2016-9-10	1	586	221	339	1109.12	1428
2016-9-11	0	392	223	133	1110.46	1437
2016-9-12	0	268	221	0	1112.11	1435
2016-9-13	2	262	218	11	1113.21	1430
2016-9-14	0	230	219	14	1113.12	1435
2016-9-15	3	216	219	13	1112.61	1433

续表

日期	流域平均降雨量/mm	平均入库流量/(m³/s)	平均发电流量/(m³/s)	平均泄洪流量/(m³/s)	日末水库水位/m	发电量/(万 kW·h)
2016-9-16	0	177	219	0	1111.16	1430
2016-9-17	2	169	221	0	1109.26	1432
2016-9-18	0	161	223	0	1106.76	1428

9月7日，平均入库流量为 $122m^3/s$，平均发电流量为 $146m^3/s$，平均出力为405MW，无泄洪。日末水库水位为1108.69m，水位下降0.93m。

9月8日，平均入库流量为 $114m^3/s$，平均发电流量为 $146m^3/s$，平均出力为405MW，无泄洪。日末水库水位为1107.36m，水位下降1.33m。

9月9日19时，鲁布革水电厂流域强降水过程逐渐拉开序幕，最终全流域普降大到暴雨。9月9日19时至9月10日8时，流域平均降雨量为47mm，9月10日4时入库流量 $195m^3/s$，5时入库流量即已暴涨至 $794m^3/s$。9月10日平均入库流量为 $586m^3/s$，水电厂按装机满发，平均出力为594MW，平均发电流量为 $221m^3/s$，平均泄洪流量为 $339m^3/s$。

9月10—14日，来水都超过满发流量，机组一直按最大能力满发。水调专业人员根据气象预报，研判流域后期无强降水。9月11日12时提前关闭泄洪闸门，在机组满发、不减负荷的情况下，逐渐拦蓄洪尾蓄水至最高水位1113.23m（9月13日23时），且控制水库水位不超汛限水位1113.50m。

9月15日，平均入库流量已降至 $216m^3/s$，来水已减退至满发流量以下。9月15—18日，利用拦蓄的洪尾水量供水增发电量，9月18日日末水库水位已降至1106.76m，此次洪水拦蓄的洪尾水量已全部供水发电，通过优化调度顺利完成此场拦蓄洪尾增发电量的过程。2016年9月6—18日鲁布革水电厂水库水位过程线如图1.4-1所示。

四、优化调度成效

通过此次优化调度，利用水库调节库容，提前加大出力腾库，在洪水退水时拦蓄洪尾水量供水增发电量，提高水能利用效率。此次拦蓄洪尾水量供水增发电量为：

(1113.23m水位对应库容－1108.13m水位对应库容)/发电耗水率＝935.81(万 kW·h)

五、本案例其他相关情况

本案例适用于季调节性能以下的常规水电厂。在汛期利用调节库容，当气象预报后期3～5天有强降水过程时，提前加大出力腾库，做好拦蓄洪尾的准备。暴雨洪水发生后，机组按最大出力满发，水库开闸泄洪，控制水库水位在汛限水位以下运行。在洪水退水时，若气象预报后期无强降水过程，则提前关闭泄洪闸门，在机组满发不减负荷的情况下，利用水库调节库容拦蓄机组满发多余的洪尾。当洪水退去、来水减至满发流量以下时，利用拦蓄的洪尾水量供水增发电量。

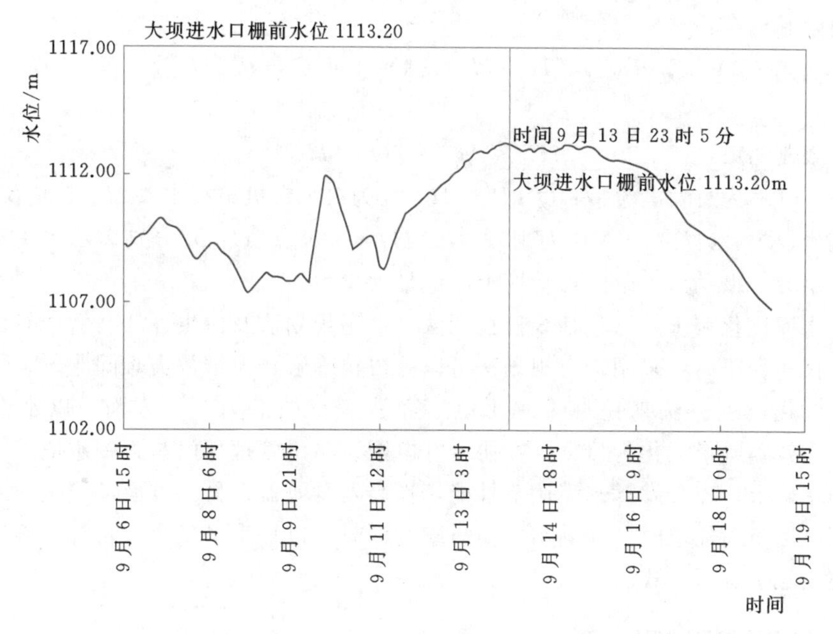

图 1.4-1　2016 年 9 月 6—18 日鲁布革水电厂水库水位过程线

案例五　天一水电厂厂内经济运行

一、实施时间

2017 年 11 月 4 日。

二、厂内经济运行原理

厂内经济运行主要是根据水电厂各机组特征，考虑机组启停成本和避开机组振动区，将水电厂的负荷在机组间进行分配，以提高机组发电效率，实现给定电力负荷情形下的电厂用水量最小化（“以电定水”方式），或者给定可用水量情形下的发电量最大化（“以水定电”方式）。

下面用水量最小原则建立“以电定水”数学模型进行说明。在计算经济指标的时候给定水电厂水头 H_{sdz} 和水电厂总负荷 P_{total}，由于厂内经济运行只进行空间分配，故用水量可用流量代替。

(1) 目标函数：

$$Q_{total} = \min \sum_{i=1}^{4} Q_i(P_i, H_{sdz}) \tag{1.5-1}$$

(2) 约束条件。

负荷平衡约束：

$$\sum_{i=1}^{4} P_i = P_{total} \tag{1.5-2}$$

出力限制约束：

$$N_{min}(H_{sdz}) \leqslant P_i(H_{sdz}) \leqslant H_{zx}(H_{sdz}) \cup N_{zs}(H_{sdz}) \leqslant P_i(H_{sdz}) \leqslant N_{max}(H_{sdz}) \quad (1.5-3)$$

水头限制约束：

$$H_{min} < H_{sdz} - kQ_i^2 < H_{max} \quad (1.5-4)$$

以上式中：Q_{total}为总发电流量；$Q_i(P_i, H_{sdz})$为第i台机组在水头H_{sdz}、负荷P_i下对应发电流量；$N_{min}(H_{sdz})$、$N_{zx}(H_{sdz})$、$N_{zs}(H_{sdz})$、$N_{max}(H_{sdz})$分别表示水头H_{sdz}下机组的最小出力、振动区下限、振动区上限、最大出力。

通常水库优化调度算法包括线性规划法、动态规划法及衍生算法、智能算法等，天一水电厂仅4台机组，采用动态规划法可以获得精确解且无维数灾难问题。

采用优化调度方法来挖掘天一水电厂经济运行的潜力，一方面，以水电厂发电量（或发电效益）最大化为目标，在协调好电网、防汛管理部门与天一水电厂之间各方面关系的基础上，充分发挥水库调节性能，提高发电效益；另一方面，当天一水电厂受制于短期电网负荷需求时，在满足电网需求的同时，以耗水量最小为目标，确定天一水电厂的短期经济运行方式。

三、优化调度过程

1. 常规厂内调度方法

天一水电厂在长期调度过程中，存在调度不优化的情况，如未按照预想出力进行发电或者机组带小负荷运行等，主要表现为机组运行效率偏低、水耗偏大。以2015年11月19日为例，天一水电厂日初坝上水位为778.16m（与2017年11月4日水位接近，水电厂水头基本接近，故将两日机组运行情况进行比较），机组预想出力300MW，1号机组4—6时带小负荷运行（为50～80MW），此时机组发电耗水率较大，为4.63～4.02m^3/(kW·h)；且1～3号机3时未按预想出力进行发电，导致耗水率与当日其他时段（均按预想出力发电）相比耗水率偏大。1～4号机组负荷（耗水率）运行情况见表1.5-1。

表1.5-1　　1～4号机组负荷（耗水率）运行情况

时间	1号机组		2号机组		3号机组		4号机组	
	负荷/MW	耗水率/[m^3/(kW·h)]	负荷/MW	耗水率/[m^3/(kW·h)]	负荷/MW	耗水率/[m^3/(kW·h)]	负荷/MW	耗水率/[m^3/(kW·h)]
0：00	298.2	2.97	0	0	296.9	2.98	299.8	2.97
1：00	301.4	2.96	0	0	297.6	2.97	300.1	2.97
2：00	295.2	2.98	0	0	298.2	2.97	300.9	2.96
3：00	275.1	3.01	190.6	3.28	104.0	4.07	297.5	2.97
4：00	51.1	4.63	296.1	2.97	0	0	299.1	2.97
5：00	51.3	4.63	295.4	2.98	0	0	298.5	2.97
6：00	84.7	4.02	294.6	2.98	0	0	297.1	2.98
7：00	296.0	2.98	294.9	2.98	0	0	302.8	2.96

续表

时间	1号机组		2号机组		3号机组		4号机组	
	负荷/MW	耗水率/[m³/(kW·h)]	负荷/MW	耗水率/[m³/(kW·h)]	负荷/MW	耗水率/[m³/(kW·h)]	负荷/MW	耗水率/[m³/(kW·h)]
8：00	296.9	2.98	295.5	2.98	0	0	303.1	2.96
9：00	297.6	2.97	296.1	2.97	0	0	303.7	2.96
10：00	297.5	2.97	296.8	2.97	0	0	304.1	2.95
11：00	298.3	2.96	297.4	2.97	0	0	304.8	2.95
12：00	298.9	2.96	299.3	2.96	0	0	305.4	2.95
13：00	298.0	2.97	295.3	2.97	0	0	303.3	2.95
14：00	298.7	2.97	298.5	2.97	0	0	302.0	2.96
15：00	299.8	2.97	302.4	2.96	0	0	300.9	2.97
16：00	299.1	2.97	302.0	2.96	0	0	300.4	2.97
17：00	299.7	2.97	302.5	2.96	0	0	301.1	2.96
18：00	300.6	2.96	303.0	2.96	0	0	301.5	2.96
19：00	301.2	2.96	302.7	2.95	0	0	302.1	2.96
20：00	297.1	2.96	300.6	2.96	0	0	302.6	2.95
21：00	293.5	2.97	292.8	2.97	0	0	303.2	2.95
22：00	294.4	2.97	293.5	2.97	0	0	304.0	2.94
23：00	294.6	2.96	294.2	2.96	0	0	304.7	2.94

2. 厂内经济运行调度策略

考虑到当前天一水电厂的实际情况，厂内经济运行仍然以增大发电量（用水量最小）为优化目标。

根据天一水电厂水库优化调度及经济运行分析结果，天一水电厂负荷分配的基本原则是：尽量少启用机组，同时将总负荷平均分配到各机组。考虑到调峰和梯级匹配，天一水电厂的厂内经济运行优化调度策略如下：

（1）时段机组按接近预想出力运行，各机组时段内出力平均分配，避免出现单机小负荷情况。

（2）日内运行机组尽量不停机，需调峰时安排机组按接近预想出力满足调峰需求。

（3）调整各时段机组组合，使日内机组总发电量等于下发计划发电量。

厂内时段机组某水头下的最优分配面积累积如图1.5-1所示，厂内经济运行优化调度策略示意如图1.5-2所示。

3. 天一水电厂厂内优化调度过程

天一水电厂在实际优化调度运行过程中，主要以机组按预想出力编制发电建议计划，在保证天一水电厂、天二水电厂水量匹配和运行安全的前提下达到日内厂内经济运行最优。以2017年11月4日为例：天一水电厂日初坝上水位778.62m，机组预想出力为300MW，振动区上限为280MW，2号机组检修，通过调整机组组合、机组发电量，

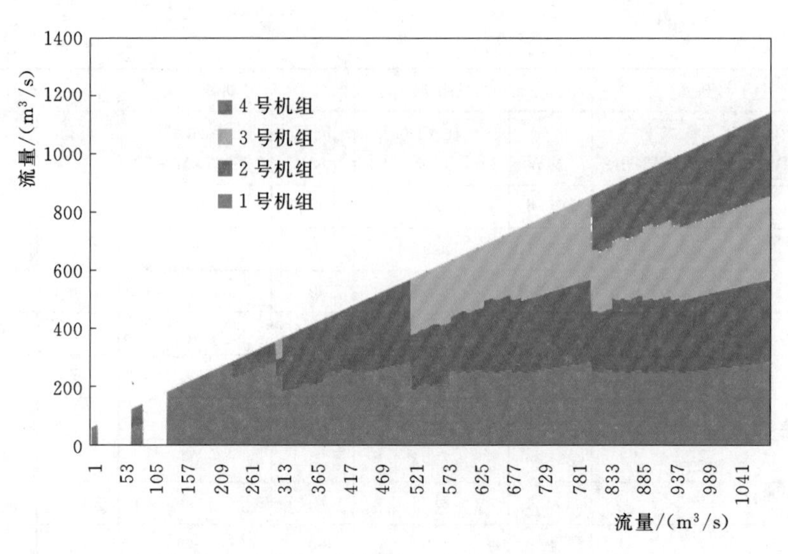

图 1.5-1 某水头下机组最优分配面积累积图

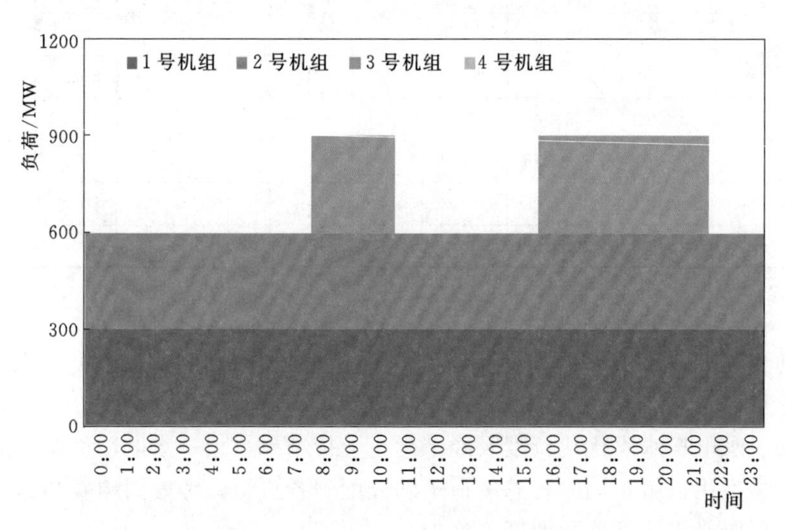

图 1.5-2 厂内经济运行优化调度示意图

天一水电厂全天仅 1 台次机组开启（无机组关停），各机组出力基本相等（除 3 号机组 8 时升负荷期间和机组 AGC 负荷调整），运行机组平均负荷约 292MW，符合天一水电厂厂内经济运行优化调度策略，厂内经济运行较优。2017 年 11 月 4 日 1～4 号机负荷（耗水率）运行情况见表 1.5-2。

表 1.5-2　　2017 年 11 月 4 日 1～4 号机组负荷（耗水率）运行情况

时间	1 号机组		2 号机组		3 号机组		4 号机组	
	负荷/MW	耗水率/[m³/(kW·h)]	负荷/MW	耗水率/[m³/(kW·h)]	负荷/MW	耗水率/[m³/(kW·h)]	负荷/MW	耗水率/[m³/(kW·h)]
0：00	299.0	2.98	0	0	0	0	301.1	2.98
1：00	303.8	2.96	0	0	0	0	301.7	2.97

续表

时间	1号机组		2号机组		3号机组		4号机组	
	负荷/MW	耗水率/[m^3/(kW·h)]	负荷/MW	耗水率/[m^3/(kW·h)]	负荷/MW	耗水率/[m^3/(kW·h)]	负荷/MW	耗水率/[m^3/(kW·h)]
2：00	299.8	2.96	0	0	0	0	301.9	2.96
3：00	301.7	2.95	0	0	0	0	301.8	2.95
4：00	303.7	2.94	0	0	0	0	303.7	2.94
5：00	301.9	2.94	0	0	0	0	299.9	2.94
6：00	297.7	2.94	0	0	0	0	301.1	2.93
7：00	299.2	2.94	0	0	0	0	301.9	2.93
8：00	292.2	2.95	0	0	200.1	3.22	296.4	2.94
9：00	295.7	2.95	0	0	299.0	2.94	295.9	2.95
10：00	297.8	2.94	0	0	298.4	2.94	295.9	2.95
11：00	305.1	2.93	0	0	298.2	2.94	295.7	2.95
12：00	304.1	2.93	0	0	297.0	2.95	294.9	2.95
13：00	298.4	2.94	0	0	295.8	2.95	294.5	2.95
14：00	297.8	2.95	0	0	294.6	2.96	299.2	2.94
15：00	297.3	2.95	0	0	299.8	2.95	299.7	2.94
16：00	209.3	2.97	0	0	286.8	2.98	289.7	2.98
17：00	287.5	2.98	0	0	276.5	3.00	285.1	2.98
18：00	285.8	2.98	0	0	275.7	3.00	284.4	2.99
19：00	284.9	2.99	0	0	280.8	2.99	284.3	2.99
20：00	282.5	2.99	0	0	282.5	2.99	282.4	2.99
21：00	281.6	3.00	0	0	283.1	3.00	282.4	3.00
22：00	285.2	3.00	0	0	282.9	3.00	280.6	3.00
23：00	282.1	3.00	0	0	282.5	3.00	283.8	3.00

四、优化调度成效

仅考虑耗水率因素的影响，根据天一水电厂耗水率曲线，当前水头下负荷 300MW 时耗水率为 2.95m^3/(kW·h)［2017 年 11 月 4 日实际耗水率为 2.97m^3/(kW·h)］。相比较厂内常规调度时［如负荷 50MW 时耗水率为 4.63m^3/(kW·h)］，该种工况下，每发 1kW·h 电时的用水量大大增加，不符合水电厂最优经济运行条件。

本案例中，在常规调度情况下（2015 年 11 月 19 日），出现部分时段机组小负荷运行（机组 50MW 运行）。按照当前数据进行计算，天一水电厂每小时减少一台机组按 50MW 出力，相同发电量下将少用水量 8.65 万 m^3，折合电量 2.9 万 kW·h，按照当前上网电量 0.245 元/(kW·h) 来计算，优化调度后直接带来的理论每小时经济增长约为 7105 元。

在此次厂内经济运行过程中，机组负荷、机组组合、开停机情况符合天一水电厂厂内经济运行策略，减少了机组频繁开停机期间旋转备用流量损失（空转流量约为 $50m^3/s$）和运行人员工作量，同时也保证了机组在低耗水率工况下运行，减少了用水量。

五、本案例其他有关情况

实施厂内经济运行优化时需要考虑以下多种因素的影响：

（1）弃水风险高和弃水期间，天一水电厂通常需要按照满发来减少水库压力，此时不需要开展厂内经济运行优化调度。

（2）当枯水期来水流量较少、水库水位较低时，水库需要减少出库流量，此时厂内经济运行服从用水限制。

（3）有调峰调频需求时，厂内经济运行需要先满足调峰调频需求。

（4）需要考虑天一水电厂、天二水电厂水量平衡和天二水电厂水库安全运行的条件。

（5）其他限制条件（包括满足开机台数等）。

案例六　金安桥水电厂枯期维持高水位运行

一、实施时间

2014 年 10 月 27 日—12 月 15 日。

二、实施背景

1. 调度背景

（1）工程基本概况：金安桥水电厂为金沙江中游一库八级水电开发方案的第五级，水库正常蓄水位为 1418.00m，相应库容为 8.5 亿 m^3，死水位为 1398.00m，死库容为 5 亿 m^3，调节库容为 3.5 亿 m^3，水电厂装机容量为 2400MW（4×600MW），单机额定流量为 $605m^3/s$，设计满发流量为 $2420m^3/s$，额定水耗为 $3.6m^3/(kW \cdot h)$，水库具有周调节性能。

（2）金沙江枯水期来水特点：金沙江是长江的上游，发源于唐古拉山中段的各拉丹东雪山和尕恰迪如岗山之间。金沙江直门达以上流域地处青藏高原，地势高，气候严寒干燥，降雨稀少，11 月至次年 5 月枯水期径流来源以融雪为主，来流比较稳定。一般情况下，金沙江枯水期来流均小于金安桥水电厂满发流量。

（3）枯水期维持高水位运行的意义：根据水电厂出力计算公式可知，发电水头越高，同流量下可发电量越多。在保证水库安全运行的前提下，抬高水库水位可以提高发电水头，达到降低耗水率、增加发电量的目的。

2. 高水位运行面临的困难和风险

（1）上游梨园水电厂计划 11 月 10 日—12 月 15 日实施水库蓄水，蓄水期间由阿海水电厂承担生态流量下泄任务。受梨园水电厂蓄水的影响，金安桥水电厂平均入库流量仅有 733m³/s，较同期多年平均减少 23.2%，结合当时电网负荷需求偏高的实际，金安桥水电厂计划长期维持高水位运行存在较大困难。

（2）上游阿海水电厂作为云南电网的主力调峰电厂，根据云南电网负荷需求需要承担临时负荷调整的任务，阿海水电厂出库流量不确定性大，给准确预测金安桥水电厂入库流量增加了较大困难。

（3）金安桥水电厂属于周调节水库，库容系数较小，入库流量对水位变幅影响较大，水库水位长期维持高水位运行，实际运行过程中维持难度大，水位越限风险高。

三、优化调度过程

（1）汛末拦蓄洪尾，将金安桥水电厂水库水位抬高至正常蓄水位附近运行。根据丽江市气象台提供的气象资料，2014 年汛期结束时间为 10 月中下旬。金安桥水电厂水调中心加强关注气象预报及上游干流各水文站水雨情。2014 年 10 月 26 日，根据水情预报结果成功拦蓄洪尾，10 月 26 日 7 时最高水库水位为 1417.80m，距正常蓄水位 1418.00m 仅 0.2m，圆满完成了汛末蓄水任务。

（2）精准预报，及时会商，拟定金安桥水电厂枯水期水位控制要求。金安桥水电厂水调中心通过遥测站点布控，在金沙江干流布设有岗托、巴塘、奔子栏、石鼓等水文站，来水预报预见期接近 72h，同时积极与气象台、长江水利委员会沟通会商，掌握未来气象变化情况，对中长期来水进行滚动研判。汛枯转换期来水的不确定性很大，水调中心每日 8 时进行预报会商发布 72h 来水预测，20 时进行修正，通过滚动修正来水预报，最大限度提升金安桥水电厂天然来水预测精度。根据来水预报，结合上游阿海、梨园水电厂水库运行计划，提出了维持金安桥水电厂水库水位在高位运行计划，按水量平衡上报近期日发电计划，同时密切关注上游电厂运行情况，滚动进行水位测算，动态调整发电计划。2014 年 10 月 27 日—12 月 15 日金安桥水电厂入库流量过程如图 1.6-1 所示。

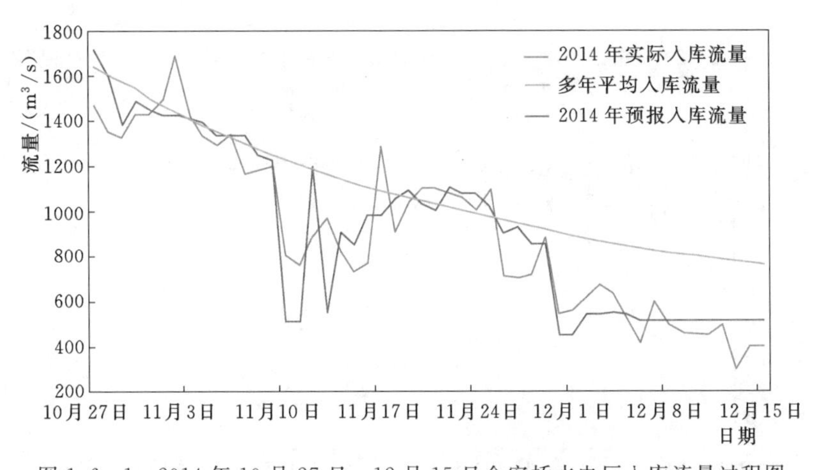

图 1.6-1　2014 年 10 月 27 日—12 月 15 日金安桥水电厂入库流量过程图

（3）实时跟踪，及时协调，尽量维持水库水位在高位运行。10 月 27 日预测天然来水流量为 1600m³/s，向南网总调建议日发电计划为 4320 万 kW·h，但 27 日上游阿海水电厂蓄水运行，日均出库流量不足 1400m³/s，截至 27 日 20 时金安桥水电厂水库水位下降至 1416.70m，水库水位下降约 1.00m。10 月 27 日 20 时，根据调度机构下发 28 日负荷曲线及上游阿海水电厂出库流量，滚动测算水库水位变化情况，预计 28 日 24 时金安桥水电厂水库水位将继续下降至 1415.00m 附近。

10 月 27 日 21 时，将当前来水情况及水位测算结果及时汇报上级调度机构，并申请调减 28 日发电量 960 万 kW・h。上级调度机构结合电网负荷需求，28 日实际安排减少金安桥水电厂发电量 1000 万 kW・h。截至 28 日 24 时，水库水位回升至 1417.00m。

11 月 10 日—12 月 15 日梨园水电厂蓄水运行期间，在南网总调的统筹安排下，通过密切监视、滚动测算，积极与调度机构沟通协调，申请调整优化负荷曲线，实现了金安桥水电厂水库水位持续的高位安全运行。

2014 年 10 月 27 日—12 月 15 日水位与 2012 年以来同期平均水位、同期最低水位（2019 年）比较如图 1.6-2 所示，对应发电耗水率比较如图 1.6-3 所示。

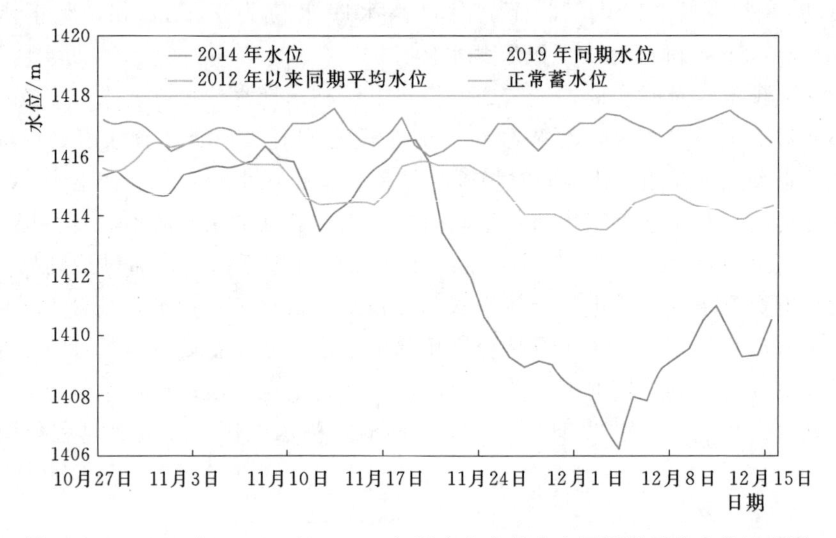

图 1.6-2　2014 年、2019 年、2012 年以来金安桥水电厂同期平均水位过程图

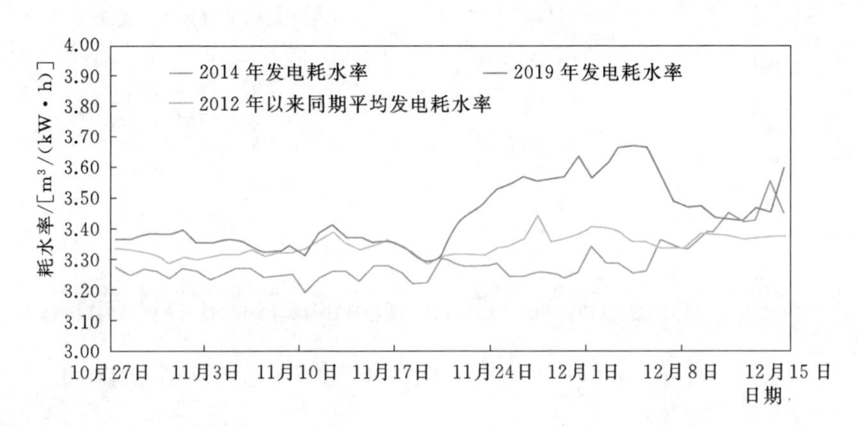

图 1.6-3　2014 年、2019 年、2012 年以来金安桥水电厂同期发电耗水率过程图

四、优化调度成效

金安桥水电厂与调度机构紧密联系，积极协调，枯期水库维持高水位运行的优化调度方案顺利实施，10 月 27 日—12 月 15 日期间最高水库水位为 1417.90m，最低水库水位为 1415.70m，平均水库水位为 1416.80m，平均发电水头为 119.20m，平均耗水率为 $3.3m^3/(kW \cdot h)$，较额定水耗增发电量 1.19 亿 kW·h，较 2012 年以来平均水耗增发电量 0.25 亿 kW·h，水能利用提高率为 7.6%，有效提高金安桥水电厂的经济效益。

五、本案例其他有关情况

本案例适用于有一定调节库容的水电厂，在枯水期天然来水不够机组满发、无弃水风险且能够准确掌握上游天然来水情况下，适宜开展该项优化调度。

第二章 梯级水电厂群联合优化调度

梯级水电厂群联合优化调度是指根据流域梯级水库群来水、库容特性，在满足电网、水电厂、水库综合利用等运行约束条件下，优化各水电厂发电安排，充分发挥大水库枯期径流补偿调节和汛期拦蓄洪水作用，减少调节性能差的中小水库弃水，提升梯级水电厂经济运行水平，实现梯级整体发电效益最大化。

案例一　2018年汛期天生桥梯级水库联合优化调度

一、实施时间

2018年8月1日—9月10日。

二、实施背景

1. 梯级水电厂情况

天一水电厂总装机容量为1200MW，总库容为102.57亿m^3，调节库容为57.9亿m^3，防洪库容为29.9亿m^3，调节性能为不完全多年调节水库，正常蓄水位780.00m。水库的防汛标准按1000年一遇洪水（0.1%）设计，相应设计洪水流量为20900m^3/s，相应水位为782.87m。

天二水电厂总装机容量为1320MW，总库容为2946万m^3，水库调节库容为803万m^3，调洪库容为1540万m^3，调节性能为不完全日调节水库，正常蓄水位为645.00m。水库的设计洪水标准为100年一遇，相应流量为13500m^3/s，相应洪水位为649.93m，校核洪水标准为1000年一遇，相应流量为19400m^3/s，相应洪水位为656.26m。

因天二水电厂调节库容较小，且天一水电厂满发流量（1040m^3/s左右）大于天二水电厂满发流量（800m^3/s左右）。如果在天一水电厂无弃水风险时提前满发，将导致天二水电厂弃水，浪费水能资源。因此，在保障防汛安全的前提下，尽量利用水能资源，避免天二水电厂的不必要弃水，一直是天生桥梯级水库联合优化调度的重点。

2. 水库水位情况

南盘江流域2018年入汛偏早，流域于5月2日正式入汛，为做好腾库迎汛工作，在南网总调的统筹安排下，天一水电厂6月12日水库消落至735.15m，比2017年最低水位737.11m低1.96m；6月末，水库水位为747.52m，比去年同期水库水位749.54m低2.02m，超额完成了水库水位消落的预期目标。

3. 流域来水形势

8月初，南盘江流域受强对流天气影响，流域出现连续多天强降雨天气过程，仅8

月上旬，面降雨量就达到139mm，入库流量峰值达到3776m³/s，水位快速上涨。天一水电厂水位从月初751.44m上涨至月末769.68m（上涨18.24m），因9月10日前天一水电厂汛限水位为773.10m，天一、天二水电厂存在较大弃水风险。8月1日—9月10日天一水电厂水位过程线如图2.1-1所示，降雨量如图2.1-2所示，入库流量、出库流量过程线如图2.1-3所示。

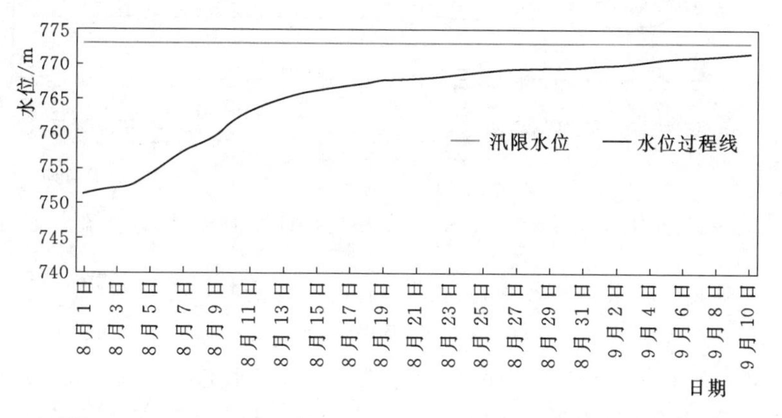

图2.1-1　2018年8月1日—9月10日天一水电厂水位过程线

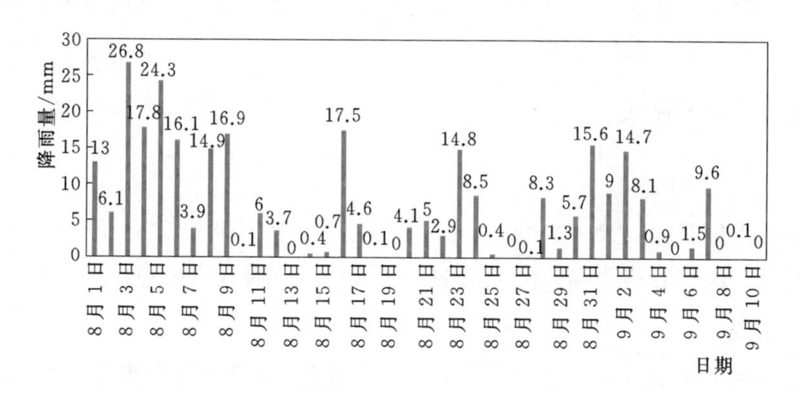

图2.1-2　2018年8月1日—9月10日天一水电厂降雨量

三、优化调度过程

（1）发电计划动态调整。为保证天一、天二水电厂汛期不产生弃水，天一、天二水电厂水调专业人员多次会商讨论流域来水及气候情况，将会商结果积极向南网总调汇报并申请加大天一、天二水电厂日平均出力，以减缓天一水电厂的水位上涨速度。通过加强与南网总调协调，天二水电厂8月实发电量为9.55亿kW·h，比月度计划电量增发1.55亿kW·h，天一水电厂8月实发电量为6.2亿kW·h，比月度计划电量增发1.2亿kW·h，有效地缓解了天一水电厂水位上涨速度。

（2）加强流域来水预测分析，对来水趋势进行科学研判。9月初，天一水电厂水位达到770.00m，距离汛限水位只有3m，且此时天一水电厂入库流量仍保持在1200m³/s左右。天一、天二水电厂水调专业人员结合各气象台天气预报资料，充分会商，同时每

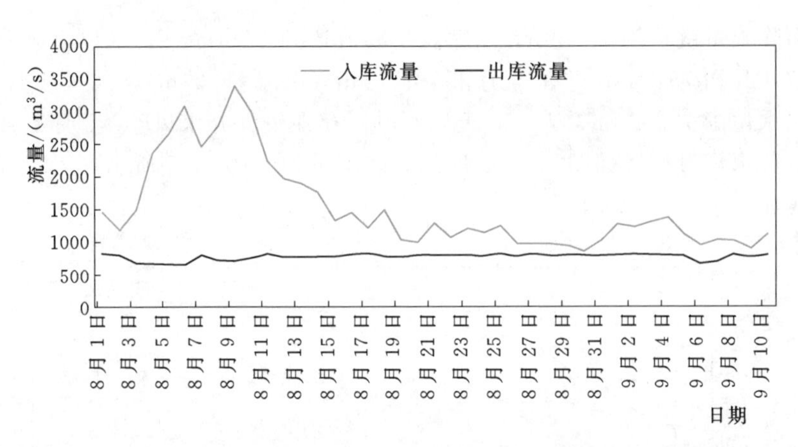

图 2.1-3 2018 年 8 月 1 日—9 月 10 日天一水电厂入库流量、出库流量过程线

日开展 10d 滚动入库流量预测及水位计算。通过综合研判，分析得出 9 月 10 日前南盘江流域不会出现强降雨天气，入库流量将逐步下降，天一水电厂水位 9 月 10 日前不会超过汛限水位 773.10m，于是向南网总调建议仍按天二水电厂满发、天一水电厂匹配安排发电。最终，9 月 10 日前天一水电厂最高水位为 771.59m，满足汛限水位控制要求，且天二水电厂也未开闸泄洪。通过本次科学调度，避免了因来水预测不准确导致天一水电厂满发、天二水电厂发生弃水。

四、优化调度成效

1. 社会效益

通过本次优化调度，天一水电厂、天二水电厂实现 2018 年 9 月 10 日前零弃水，既保证了对南盘江流域清洁能源的全部消纳，又确保了下游人民生命财产安全。

2. 经济效益

在本次调度过程中，天一水电厂 8 月 1 日—9 月 10 日共计发电 7.9 亿 kW·h，其中 8 月发电 6.2 亿 kW·h，比月度计划电量 5 亿 kW·h 增发 1.2 亿 kW·h，按照 8 月平均耗水率 3.32m^3/(kW·h) 计算，增腾库容 4.1 亿 m^3。

9 月 10 日末，天一水电厂水库水位为 771.73m，蓄水量为 70.5 亿 m^3，距离汛限水位 773.10m 对应的蓄水量 72.6 亿 m^3 仅余 2.1 亿 m^3。因此，本次调度过程直接减少弃水 1.96 亿 m^3。根据天一水电厂 2018 年 8 月平均耗水率 3.32m^3/(kW·h)、天二发电厂 8 月平均耗水率 2.11m^3/(kW·h) 计算，天一水电厂直接增发电量 0.59 亿 kW·h，天二水电厂增发电量 0.93 亿 kW·h。

五、本案例其他有关情况

（1）梯级水电厂上下游发电流量存在匹配关系。

（2）水电厂能够通过各种渠道获取最新的流域气象预报资料。

（3）水电厂具备水调专业人员，能够对水电厂所处流域来水形势进行科学研判。

案例二　水电大量富余形势下澜沧江主力水库汛前消落腾库

一、实施时间

2016 年 11 月—2017 年 6 月。

二、实施背景

1. 调度背景

2016 年 11 月初，澜沧江小湾、糯扎渡水电厂水库（以下简称“两库”）水位分别为 1240.00m、812.00m，均蓄满至正常高水位。随着汛期结束，澜沧江流域进入新一轮供水期，梯级水电厂运行方式由汛期运行转变为枯期运行。小湾、糯扎渡水电厂水库作为澜沧江上具有年调节以上性能的大库，将发挥径流调节作用，消落水库水位，增加梯级供电能力，在保障枯期电力供应的同时，为减少次年汛期云南弃水奠定基础。

2. 面临的困难

(1) 梯级水电厂蓄能方面。2016 年 11 月初，澜沧江小湾、糯扎渡水电厂水位分别为 1240.00m、812.00m，同比分别偏高 4.10m、18.10m。经过 11 月、12 月的消落，2017 年初两库水位分别为 1231.60m、807.00m，同比分别偏高 9.90m、11.80m，澜沧江梯级蓄能同比多 44 亿 kW·h。2016 年 11 月 1 日—2017 年 7 月 4 日，小湾、糯扎渡水电厂水位过程线如图 2.2-1 所示。

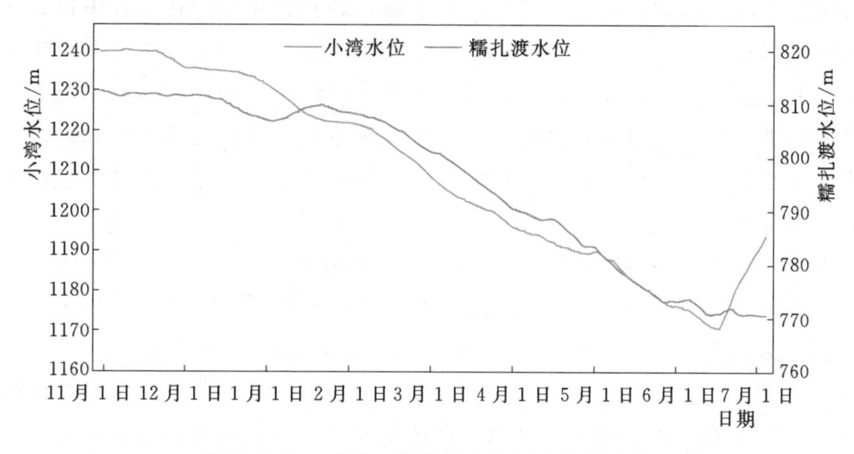

图 2.2-1　小湾、糯扎渡水电厂水位过程线

(2) 电力市场供需方面。2016 年云南电力过剩的供需形势未有明显好转。2017 年，云南省电力富余形势进一步加剧，经电力电量平衡分析，除汛期外枯期也存在大量的富余电量。小湾、糯扎渡水电厂水库水位消落的外部市场形势十分严峻。2016 年、2017 年枯期澜沧江梯级水电厂电量如图 2.2-2 所示。

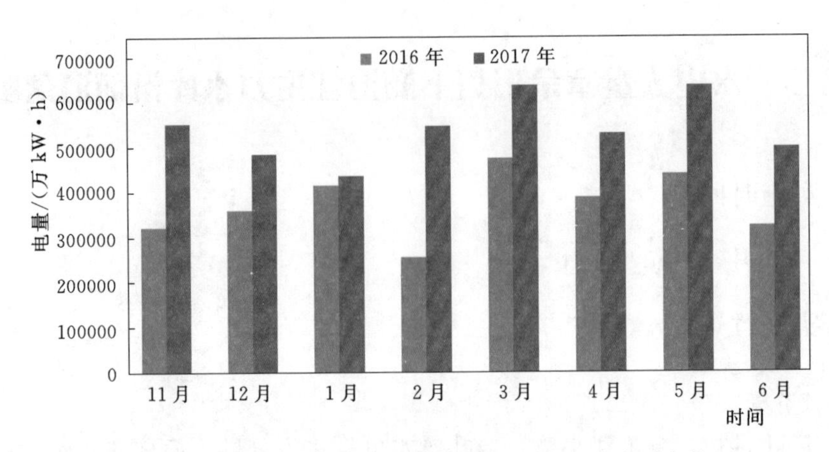

图 2.2-2 2016年、2017年枯期澜沧江梯级水电厂电量

三、优化调度过程

1. 梯级水电厂来水方面

2016年11月—2017年6月，澜沧江流域小湾水电厂断面来水较多年平均偏少2.8%。小湾—糯扎渡水电厂区间流量较多年平均偏多4.0%。

2. 梯级水电厂运行方面

2017年年初，南网总调结合各方面情况，详细制定两库调度方案并印发。华能澜沧江集控严格执行南网总调、云南中调要求，同时结合流域实际情况，提前组织人员预测上游来水，测算梯级电量，以小湾、糯扎渡水电厂消落分别至1175.00m、775.00m为目标对梯级水电厂枯期运行方式进行逐月分解；在日常水调工作过程中以合理消落水库水位为首要目标，为减少全网汛期弃水打下基础，结合流域来水及实际发电形势积极优化梯级水电厂运行方式，逐日跟踪落实梯级水电厂发电计划。同时，华能澜沧江集控着力于平衡梯级水电厂发电与检修的关系，积极探索更加灵活的机组检修管理模式，实时动态优化调整机组检修计划，在确保澜沧江流域梯级水电厂运行安全的基础上，为水库水位消落创造条件。

2017年1—5月，小湾水电厂月末水位分别消落9.88m、12.04m、13.42m、6.89m、13.62m，累计消落55.85m；糯扎渡水电厂1月末水位回蓄1.18m，2—5月月末水位分别消落6.67m、10.88m、7.50m、10.30m，累计消落34.17m。

2017年6月上旬，云南全省尚未进入汛期，后续来水不确定，两库的运行方式面临两难的抉择，是继续消落以减少汛期弃水还是保守运行以确保后续电力可靠供应，如果继续消落，则需要仔细论证。两级调度与华能澜沧江集控协同对形势进行全面评估，6月13日下午进行了一次专门针对汛期运行方式的视频会商，会商决定继续消落水库水位，一方面满足云南电力市场需求；另一方面可进一步减少汛期弃水。

2017年6月15日，小湾水电厂消落至汛前最低水位1170.20m，7月4日，糯扎渡水电厂消落至汛前最低水位770.00m，分别比年初预计的水位低4.80m、5.00m。

四、优化调度成效

(1) 两库汛前水位消落超额完成目标。2017 年 6 月 15 日，小湾水电厂消落至汛前最低水位 1170.20m；7 月 4 日，糯扎渡水电厂消落至汛前最低水位 770.00m。两库汛前最低水位分别较年初制定的目标 1180.00m、775.00m 多消落 9.80m、5.00m，超额完成年初制定的水位消落目标。

(2) 充分体现了南方电网大平台统一调度优势。南网总调通过采取协调省间送电、优化电源结构、调减火电出力等措施，为汛前云南外送电量的增加、主力水库水位消落创造了更为有利的条件，充分体现了南方电网大平台统一协调调度的优势。2016 年 11 月—2017 年 6 月，云南全省送西电电量 672.8 亿 kW・h，同比增加 178.8 亿 kW・h；澜沧江梯级发电量 432.3 亿 kW・h，同比增加 134.1 亿 kW・h。

(3) 有效减少汛期弃水。小湾和糯扎渡水电厂较 2016 年 11 月初共消落库容 194 亿 m^3，较 2017 年年初共消落库容 169 亿 m^3，澜沧江梯级蓄能同比减少 31 亿 kW・h，为减少 2017 年梯级水电厂汛期弃水、完成全年云南水电消纳目标打下了良好的基础。

(4) 验证了两库正常运行条件下良好的调节性能。2016 年 11 月—2017 年 6 月，两库基本实现了从正常高水位至死水位之间的全过程运行，验证了两库在正常运行情况下的良好调节性能，为今后大水库调度运行工作积累了宝贵的经验。

五、本案例其他有关情况

2017 年两库汛前水位消落工作的圆满完成。此次调度工作克服了梯级水电厂蓄能偏高、电力市场供需形势严峻、预测来水不利于水库水位消落等重重困难，充分体现了南方电网大平台统一调度的优势，不仅超额完成两库汛前水位消落目标，为减少汛期弃水打下了良好的基础，同时也验证了两库正常运行条件下良好的调度性能，为今后梯级水电厂水库的调度运行工作积累了宝贵的经验。

案例三　梨园、阿海水电厂送出线路检修期间梯级水库优化调度

一、实施时间

2018 年 6 月 12—30 日。

二、实施背景

1. 调度背景

(1) 线路检修安排。根据电网线路检修安排，6 月 16—23 日开展黄太双线同停检修。黄太双线是滇西北区域与云南主网连接的主要线路。线路全停期间，为减少梨园、阿海水电厂电力送出受阻，一般采取梨园、阿海水电厂配套金中直流孤岛运行方式。梨园、阿海水电厂配套金中直流孤岛运行时，限制两水电厂最大出力 250 万 kW，对应梨园水电厂断面来水 1400m^3/s 左右。

(2) 防洪有关要求。根据长江水利委员会（以下简称“长江委”）对梨园和阿海两水电厂汛期调度运用计划的批复及长江水利委员会下发的2018年金中梯级水量调度方案的相关要求，金沙江中游梨园、阿海水电厂应在7月1日前分别消落至汛限水位1605.00m、1493.30m。

(3) 前期水库运行情况。2018年上半年，云南省内用电增幅远超预期，系统电力供应紧张，为满足系统电量需求，同时减少汛期弃水损失，5月底，金沙江中游梯级水电厂水库水位均消落至死水位附近。6月上旬，金沙江中游尚未入汛，流域来水偏枯3成，梨园、阿海水电厂持续维持较低水位运行。

(4) 预报来水情况。结合前期来水情况，根据中长期降雨径流预报，预测6月中旬及下旬，金沙江中游流域将发生两次持续降水过程。6月18日前，梨园水电厂断面来水从900m³/s附近迅速上涨至2200m³/s以上，接近水电厂满发流量，6月下旬，流域来水将持续维持在2000m³/s附近。

2. 水调度运行面临的风险

线路检修期间（工期6天），在梨园、阿海水电厂配套金中直流孤岛运行方式下，梨园、阿海水电厂调蓄能力对应梨园断面来水不超过1850m³/s。结合电网线路检修安排、系统电力需求、金中直流孤岛运行边界条件及来水预测情况，若按计划于6月19—24日开展黄太双线同停检修工作，根据来水预测，线路检修期间梨园断面来水将超过2000m³/s，远超梨园、阿海水电厂水库调节能力，必然产生大量弃水损失。同时，线路检修结束后，省内各流域来水持续上涨，电力供应由紧张转为富余，为完成月末防洪消落任务，梨园、阿海水电厂高水位蓄能将转化弃水损失。

三、优化调度过程

在流域来水预测的基础上，6月8日，金中集控及时向两级调度汇报流域预测来水情况及弃水风险，并提出预泄腾库、线路检修工期提前等优化调度建议措施。南网总调、云南中调会商后，决定将线路检修工作提前至6月15—20日开展。据此，从6月10日起，梨园水电厂加大出力预泄腾库，14日消落至死水位附近，阿海水电厂维持在死水位附近运行。6月15—20日，黄太双线同停，梨园、阿海水电厂配套金中直流孤岛运行，并长时段维持最大送电能力250万kW。线路检修工作结束后，梨园、阿海水电厂随即加大出力，并长时段维持较高出力水平，进入水库消落过程。同时，金中集控积极与长江委汇报协调，开展汛限水位动态控制，整体通过发电将水库水位于月底前消落至汛限水位附近，顺利完成防洪消落任务。梨园水电厂、阿海水电厂水库调度过程分别如图2.3-1和图2.3-2所示。

四、优化调度成效

通过调整线路检修工期、开展水库预泄调度、汛限水位浮动控制等优化调度措施，最大限度发挥水库调节能力，同时将防洪消落蓄能基本全部转化为发电效益，避免近1.3亿kW·h的弃水损失，实现水库调度最优化，增发电量近1.5亿kW·h。

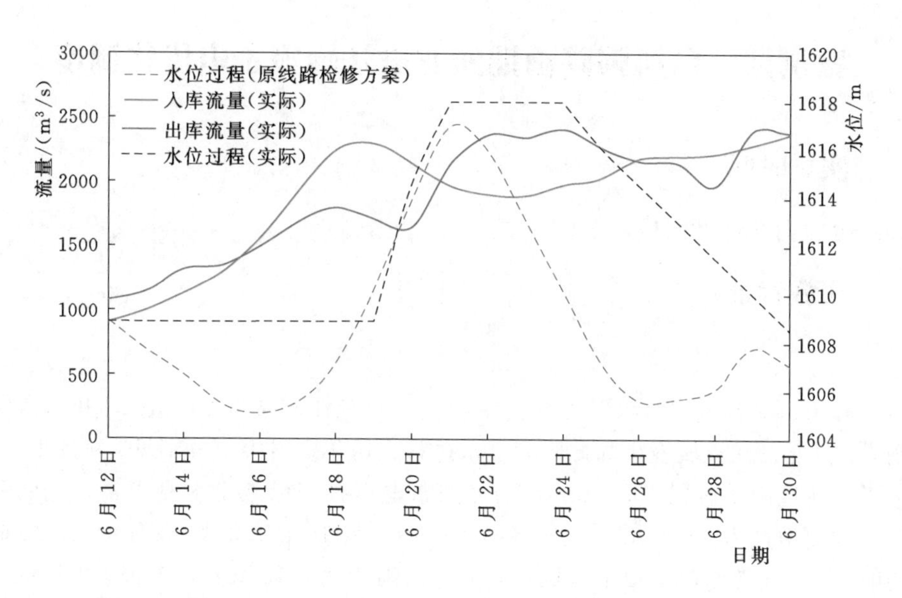

图 2.3-1 2018 年 6 月梨园水电厂水库调度过程图

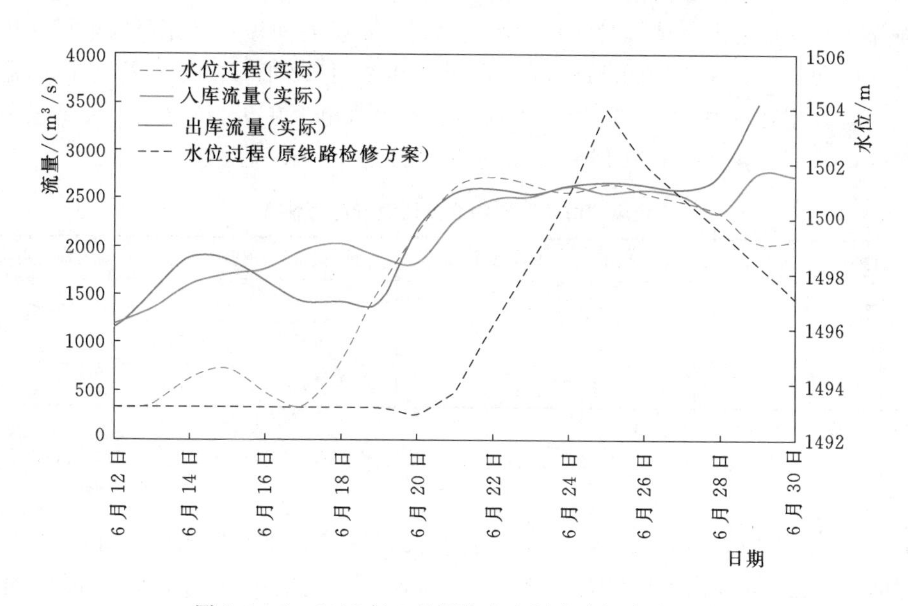

图 2.3-2 2018 年 6 月阿海水电厂水库调度过程图

五、本案例其他有关情况

（1）线路检修或工程施工等原因需水电厂限制出力运行。

（2）预见期内来水过程在水电厂计划限制出力运行期间超出水电厂调蓄能力，存在较大的弃水风险。

（3）线路检修或工程施工计划、工期安排等有条件调整。

案例四　台风强降雨期间北盘江梯级水电优化调度

一、实施时间

2014 年 9 月 16—22 日。

二、实施背景

1. 流域来水

（1）降雨。受台风“海鸥”外围云系影响，北盘江流域自 9 月 16 日开始持续发生强降雨，9 月北盘江流域发生如此降雨洪水过程在历年资料中十分罕见。9 月 17 日光照水电厂以上流域雨量达到 108.9mm，为光照水电厂投产以来最大日雨量，光照和董箐水电厂区间面雨量为 69.9mm，此次降雨集中在 9 月 16 日 23 时—9 月 18 日 22 时，强降雨历时 48h，光照水电厂以上流域 48h 累计面雨量达 144.7mm，董箐水电厂区间流域累计达 100.5mm，台风“海鸥”影响北盘江流域降雨情况见表 2.4-1。

（2）来水。尽管流域前期土壤含水量较低，但在台风“海鸥”外围云系影响下，形成的强降雨突发且集中，持续时间长，产流迅速，汇流时间短，是光照水电厂建库以来的最大一场洪水，洪峰流量为 $4184m^3/s$，出现在 9 月 18 日 10 时；最大下泄流量为 $1652m^3/s$，发生在 9 月 19 日 10 时。本场洪水光照水电厂 1 天、3 天、5 天洪量分别为 3.0 亿 m^3、7.16 亿 m^3、9.14 亿 m^3，洪水量级接近 10 年一遇。

表 2.4-1　台风“海鸥”影响北盘江流域降雨情况

日期	光照水电厂以上流域日面雨量/mm	光照水电厂至董箐水电厂区间流域日面雨量/mm
9 月 16 日	22.7	22.1
9 月 17 日	108.9	69.9
9 月 18 日	29.3	18.7

注　1. 本场降雨前期无雨天数为 10 天；
2. 建站以来光照水电厂以上流域日最大面雨量为 70.0mm、光照水电厂至董箐水电厂区间流域日最大面雨量为 79.5mm。

9 月 20 日 21 时，董箐水电厂洪峰流量达 $3346m^3/s$；受光照水电厂开闸泄洪影响，加之区间洪水叠加董箐水电厂最大下泄流量 $2283m^3/s$（发生在 9 月 19 日 22 时），本场入库洪水董箐水电厂 1 天、3 天、5 天洪量分别为 2.6 亿 m^3、6.41 亿 m^3、8.63 亿 m^3，入库洪水量级接近 2 年一遇，台风“海鸥”影响北盘江流域梯级水库泄洪情况见表 2.4-2。

表 2.4-2　台风“海鸥”影响北盘江流域梯级水库泄洪情况

项　目	北盘江流域	
	光照水电厂	董箐水电厂
坝址洪峰流量/(m^3/s)	4184	3346
峰现时间	9 月 18 日 10 时	9 月 20 日 21 时

续表

项　目	北盘江流域	
	光照水电厂	董箐水电厂
坝址最大泄洪流量/(m^3/s)	1654	2283
削峰率/%	60.5	31.8
坝址 24h 洪量/亿 m^3	3.00	2.60
坝址 72h 洪量/亿 m^3	7.16	6.41
坝址 120h 洪量/亿 m^3	9.14	8.63
洪水总量/亿 m^3	13.20	4.21
泄洪水量/亿 m^3	2.55	3.04
泄洪历时	61 时 25 分	91 时 25 分

2. 面临的风险

9 月 15 日根据中央气象台预报，初步分析董箐水电厂水库可能受“海鸥”影响较大，且董箐水电厂水库水位相对较高（降雨前运行水位在 487.50m 左右），光照水电厂自身拦洪能力强，董箐水电厂有泄洪风险；9 月 16 日根据中央气象台预报，分析光照水电厂可能有泄洪风险。

3. 分析研判决策情况

2014 年 7 月 18 日，台风“威马逊”登陆时，北盘江流域正受锋面雨量控制，流域降雨强度大，若台风外围云系影响降雨，流域产流率较高，形成洪水规模较大。与之相比，台风“海鸥”强度较小，加之北盘江流域已近 10 天未发生明显降雨过程，且台风“海鸥”相较“威马逊”路径更向南偏移，对北盘江流域距离相对较远，同时光照水电厂水库有效调节库容较大，降雨造成弃水可能性很小。

通过中央气象台台风预报，台风“海鸥”较“威马逊”强度较弱，路径也更偏南，台风“海鸥”外围云系对北盘江流域影响雨量可能比台风“威马逊”小。对比往年登陆台风，登陆后迅速减弱，且其外围云系对纬度更低及靠近路径的光照水电厂以下流域略有影响。对比强台风“威马逊”，其对北盘江影响降雨量小于 40mm。据此初步判断台风“海鸥”对北盘江流域雨量影响大致与台风“威马逊”相当。

9 月中下旬是北盘江流域后汛期，结合流域中长期降水预报为正常略少，后汛期水库调度主要意图是逐步抬高水位为枯水季节提高供水保障。

9 月 16 日，董箐水电厂水库水位相对较高，光照水电厂水库可调库容较大（光照水电厂水位 736.60m，剩余调节库容 4.1 亿 m^3）。经分析测算，当光照水电厂以上流域降雨约 80mm 情况下，通过适当调减光照水电厂出力为董箐水电厂错峰调节，光照水电厂弃水风险较小。

9 月 17 日，与调度沟通加大光照水电厂出力至满发状态，力争避免或减少光照水电厂弃水。

9 月 18 日，黔源电力股份有限公司防汛办公室紧急召开汛情会商会，分析 9 月 16 日、9 月 17 日北盘江流域已发生降雨形成的洪水情况，以及未来预报降雨情况，研究决定光照水电厂满发，同时提前开闸预泄；董箐水电厂保持满发并根据光照水电厂出库与区间洪水情况适时开闸预泄；同时要求各厂站充分做好泄洪准备工作及防汛值班工作。

三、优化调度过程

黔源集控结合天气预报情况，积极与电网调度部门沟通，积极开展光照水电厂、董箐水电厂水库实时调度。

9 月 16 日 19 时，向南网总调申请加大董箐水电厂出力至满发，提前腾库迎接洪水；同时为消落董箐水电厂水位，9 月 17 日向南网总调申请光照水电厂电量调减 500 万 kW·h；保障董箐水电厂库水位由 9 月 16 日 19 时的 486.94m 降至涨洪前 9 月 17 日 20 时的 485.10m 左右。

随着北盘江流域降雨、来水持续加大，水量接近流域梯级水库调蓄极限，9 月 17 日夜间再次向南网总调申请，于 18 日 7 时（水位 740.18m）开始加大光照水电厂出力至满发，力争避免或减少光照水电厂弃水。光照流域综合水情如图 2.4－1 所示。

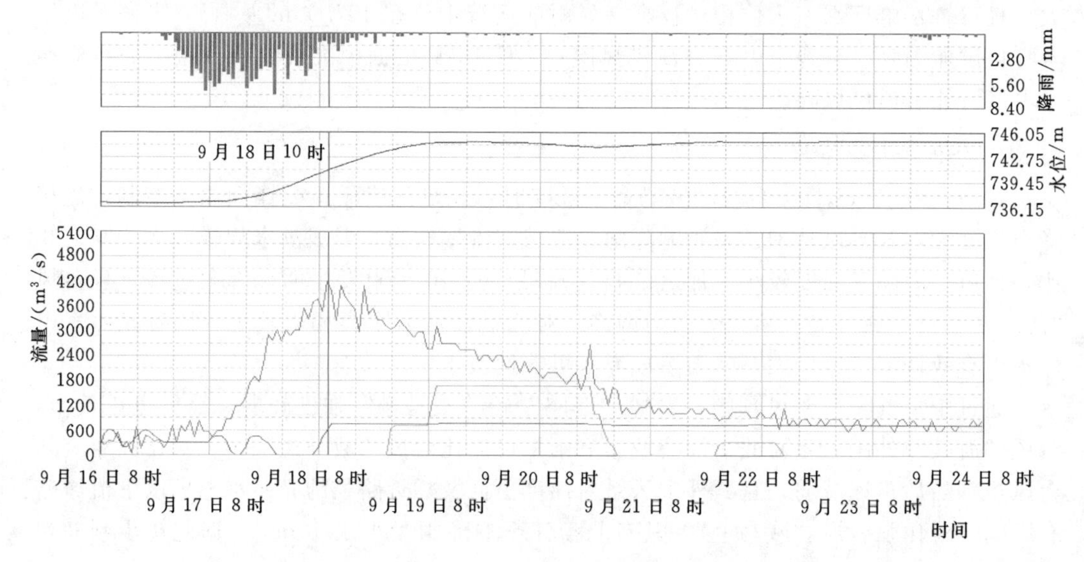

图 2.4－1 光照流域综合水情

9 月 18 日 9 时开始光照水电厂满发，23 时光照水电厂水位上涨至 743.52m，光照水电厂提前开闸预泄；董箐水电厂 9 月 16 日开始加大出力，17 日后均保持满发，18 日 22 时董箐水电厂水位上涨至 488.03m，考虑光照水电厂开闸泄洪情况，董箐水电厂开启闸门泄洪。在本场洪水调度过程中，光照水电厂、董箐水电厂发生泄洪水量分别为 2.55 亿 m^3、3.04 亿 m^3。董箐流域综合水情如图 2.4－2 所示。

四、优化调度成效

在本场洪水调度过程中，光照水电厂水库为董箐水电厂调减电量错峰，以及董箐水电厂提前加大出力消落水位，共计减少董箐水电厂弃水 1.5 亿 m^3。同时，通过光照水

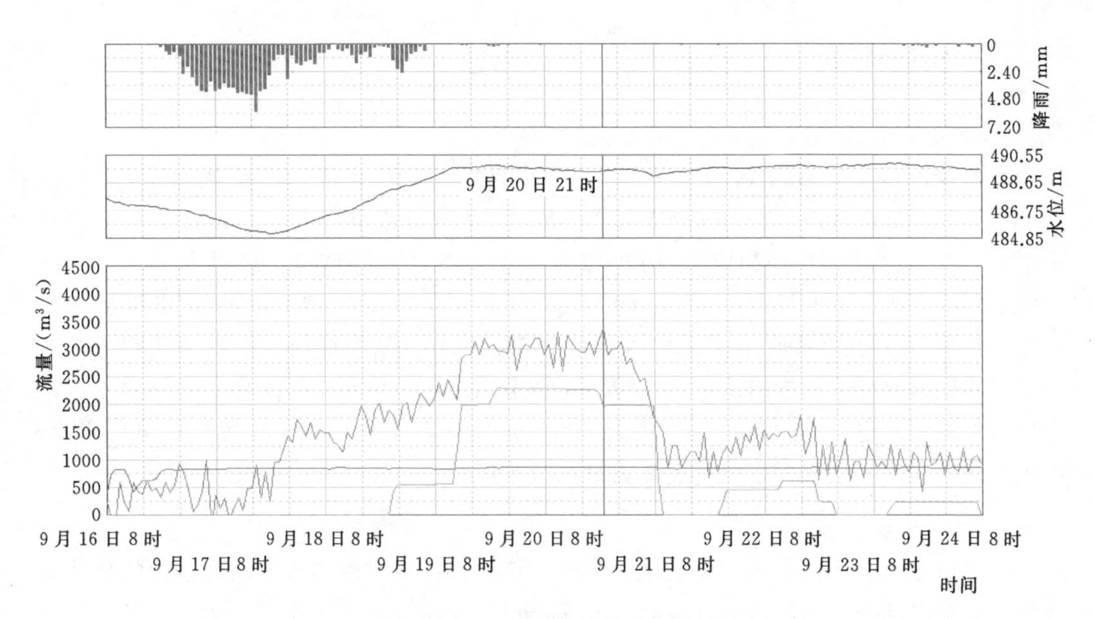

图 2.4-2 董箐流域综合水情图

电厂提前开闸预泄调度洪水，大幅度减小下游洪水量级，光照水电厂削峰率达 60.5%，董箐水电厂削峰率为 31.8%，在一定程度上减轻了下游河道防洪压力，保障了光照水电厂、董箐水电厂水库在本场洪水调度中的安全度汛。

五、本案例其他有关情况

2014 年马马崖水电厂仍处于工程建设期，对光照水电厂、董箐水电厂水库联合调度影响较小。本场洪水降雨成因是台风“海鸥”外围云系，持续 3 天的强降雨，显著地增加了光照水电厂、董箐水电厂入库流量。受益于光照水电厂水库不完全多年调节性能，发生洪水前光照水电厂水库水位 736.60m，有空库容 4.1 亿 m^3，洪水调度过程中充分利用了光照水电厂空库容进行拦蓄，为董箐水电厂降低水位创造条件，同时根据雨水情变化及时调整了光照和董箐水电厂的调度方式，通过提前开闸预泄降低了建库以来最大洪水对水库大坝以及下游河道的影响。

该类优化调度适用于上游有较好调节性能龙头水库的梯级水库群，在遭遇强降雨发生洪水后，根据降雨来水及时协调调减上游龙头水库计划电量，为下游降水位拦蓄错峰，同时根据雨水情变化及时调整龙头水库调度方式，合理提前开闸预泄，降低洪水影响，保障梯级水库大坝安全以及下游河道行洪安全。

案例五　乌江梯级日调节水库精益化调度

一、实施时间

2017 年 1 月—2019 年 12 月。

二、实施背景

1. 调度背景

贵州境内乌江流域规划的主要水电厂已经全部开发完成，洪家渡水电厂（3×200MW）、东风水电厂（3×190MW+125MW）、索风营水电厂（3×200MW）、乌江渡水电厂（5×250MW+3MW）、构皮滩水电厂（5×600MW）、思林水电厂（4×262.5MW）、沙沱水电厂（4×280MW）、大花水水电厂（2×100MW）、格里桥水电厂（2×75MW）共9座水电厂，总装机容量8695MW。其中梯级龙头洪家渡水电厂水库为多年调节水库，构皮滩水电厂水库为年调节水库，东风水电厂水库、乌江渡水电厂水库、大花水水电厂水库为不完全年调节水库，索风营水电厂水库、思林水电厂水库、沙沱水电厂水库、格里桥水电厂水库为日调节水库。

2. 调度策略

乌江梯级水电厂群中有4座日调节水库，做好日调节水库精益化调度是梯级优化调度的重要组成部分。乌江水电开发有限责任公司以确保日调节水库安全运行为基础，以降低水耗、减少弃水为核心，以抬高发电水头、提升机组负荷率和洪水资源化利用为手段，根据不同目标、不同季节、不同因素的影响，分析计算梯级日调节水库的各阶段目标要求，研究制定各阶段水库水位控制范围、注意事项，为日调节水库精益化调度管理提供技术支撑，通过精准预报、精心调度、精益管理，深入挖掘日调节水库节水增发电效益，全面实现日调节水库节能增效目标。

三、优化调度过程

水库调度主要因素包括水位、负荷率和弃水量3个指标。其中，水位控制指标特别关键，水位高低将直接影响负荷率和弃水风险。因此，必须研究水库水位控制的“天花板”，找到水位控制合理范围，具体如下。

1. 确定日调节水库的调度分期

根据流域季节特点，以水文年（5月至次年4月）划分4个时段，然后对每个时段进行研究分析。

（1）非汛期：指11月至次年4月，是日调节水库精益化管理的黄金时段。在此期间，上一级水电厂的补水和拦蓄能力都强，日调节水电厂区间流量小，火电大方式运行，主力大水库进入消落腾库阶段，日调节水库进入高水位发电阶段。

（2）枯汛交替期：一般指5月，雨季特别偏晚的可考虑6月。此阶段上一级水电厂拦蓄能力强，日调节水电厂水位高，区间小洪水多，部分水库还须降至汛限水位以下，火电大方式运行，电网方式也处于枯汛转换时期。

（3）主汛期：乌江流域在6—8月。此阶段暴雨洪水多，上一级水库水位可能处于高位，导致拦蓄能力下降。同时日调节水电厂区间洪水量级大，火电处于小方式发电，电网夜间调峰能力不足。

（4）汛枯交替期：一般指9—10月，雨季结束较晚可考虑11月。在此期间，上一级水库水位处于高位，拦蓄能力不足，日调节水电厂区间秋汛较多，火电陆续开机，水电调整空间变小，一旦出现秋汛的方式调整难度大。

2. 分析2010—2016年平均运行水位与耗水率关系

（1）索风营水电厂。

1）水位控制趋势：2010—2016年，索风营水电厂年平均水位分别为829.64m、828.93m、831.18m、833.58m、834.83m、834.28m、834.63m，7年平均水位上涨5m。其中，2009年、2010年、2011年、2013年均为特枯年份，2012年平均降雨量偏少1成，2014年平均降雨量偏多近2成，2015年降雨量与多年平均持平，2016年平均降雨量偏少近2成。

2）耗水率变化趋势：2010—2016年，随着控制水位的升高，耗水率逐年降低，最大值为5.88m^3/(kW·h)，最小值为5.26m^3/(kW·h)。其中，2014—2016年，耗水率逐渐趋于稳定区域，均在5.30m^3/(kW·h)左右小幅波动，索风营水电厂水库的发电耗水率基本达到合理区域范围。

（2）格里桥水电厂。

1）水位控制趋势：格里桥水电厂2010年投产后，水位逐年增高。2011—2016年，格里桥水电厂年平均水位分别为712.62m、715.96m、716.69m、716.39m、716.62m、717.21m，年平均水位上涨4.59m。其中，格里桥水电厂水位从2013年开始达到716.69m以后，水位呈现振荡缓升趋势，还有一定提升空间。

2）耗水率变化趋势：2011—2016年，随着控制水位的升高，耗水率逐年降低，最大值为4.75m^3/(kW·h)，最小值为4.30m^3/(kW·h)。其中，2010年投产之初的耗水率参考意义不大。2011年开始，耗水率逐年下降，2013年以后在4.35m^3/(kW·h)左右波动。

（3）思林水电厂。

1）水位控制趋势：2010—2016年，思林水电厂年平均水位分别为433.16m、433.71m、434.43m、435.98m、434.93m、433.57m、433.54m，2014年11月起受构皮滩水电厂通航施工的影响，思林水电厂水位非汛期控制在433.00m以下，故思林水电厂水位变化不大。2017年构皮滩水电厂通航工程需要思林配合的部分已经完成，思林水电厂水位控制不再受影响，因此思林水电厂水位控制还有较大的上升空间。

2）耗水率变化趋势：2010—2016年，耗水率受水位影响变化较大，最大值为6.35m^3/(kW·h)，最小值为5.74m^3/(kW·h)。其主要因素还是通航工程施工限制，2017年初耗水率约为5.8m^3/(kW·h)，优化空间还比较大。

（4）沙沱水电厂。

1）水位控制趋势：2014—2016年，沙沱水电厂年平均水位分别为361.47m、361.33m、360.74m（2013年投产年不统计），多年平均在361.0m以上。其中，主汛期受汛限水位357.00m影响，水位偏低；2014—2017年非汛期（上年11月至当年4月）水库水位分别为362.22m、363.71m、362.85m、363.57m，水位相对较高但仍有一定上升空间。

2）耗水率变化趋势：2014—2016年，耗水率最大值为5.99m^3/(kW·h)，最小值为5.90m^3/(kW·h)。从水位情况看，在主汛期控制方面还有一定空间，同时在非汛期水位控制上，已经达到较高水平，但仍有空间。

3. 日调节水库分期水位精益化控制范围

(1) 非汛期水位高限的确定。

1）保持非汛期日调节水库高水位运行。

2）采用非汛期逐月多年平均流量的最大值，考虑水电厂送出因设备故障全停24小时不弃水。

3）反推日调节水库的最高水位。

4）结合历史运行情况，综合分析控制水位取值范围。

(2) 枯汛交替期水位高限的确定。

1）以全部利用初汛期小洪水为目标。

2）上一级水库可全停拦蓄。

3）有洪水时考虑区间10年一遇洪水1日洪量不弃水。

4）无洪水时考虑区间流量为逐月多年平均流量最大值的前提下，还应考虑单个水电厂出现送出因设备故障全停24小时不弃水。

5）分别反推日调节水库的最高水位，取两计算结果的较低值，并结合多年实际运行情况综合分析确定。

6）预留空间不考虑洪水和送出中断出现叠加的情况。

(3) 主汛期水位高限的确定。

1）以主汛期洪水资源化利用多发电为目标。

2）有汛限水位的水库，按接近汛限水位1m左右运行。

3）无汛限水位的水库，需分别考虑有、无洪水的情况：①有洪水时，考虑10年一遇区间洪水1日洪量不弃水；②无洪水时，考虑逐月多年平均流量的最大值，送出因设备故障全停24小时不弃水；③上一级水电厂发电分别考虑8小时顶峰和全停拦蓄；④以上述条件分别反推日调节水库的最高水位。

4）无汛限水位的水库，利用上述计算的4种结果，结合历史情况、天气预报等，通过综合分析确定控制水位范围。

(4) 汛枯交替期水位高限的确定。

1）以全部利用秋汛多发电为目标。

2）有洪水时，10年一遇区间洪水1日洪量不弃水。

3）无洪水时，考虑月平均流量最大值，本水电厂送出因设备故障全停24小时不弃水。

4）分别考虑上游正常发电和全停拦蓄两种情况，反推日调节水库的最高水位。

5）结合秋季气象预报、历史运行情况等因素，综合分析控制水位的取值范围，对照水位高限进行逐一分析、确定水位运行控制范围。

乌江梯级日调节水库精益化调度水位控制范围见表2.5-1。

表 2.5-1　　乌江梯级日调节水库精益化调度水位控制范围

水电厂	上年11月至当年4月	5月水位	6—8月水位	9—10月水位
索风营	836.00～836.40m	835.00m	834.00m	834.00m
格里桥	718.00～718.45m	718.00～718.30m	717.00～718.00m	718.00m
思林	439.00～439.30m	439.00m，月底降至435.00m	434.00～434.50m	437.00m
沙沱	364.00～364.30m	364.00m，月底降至357.00m	356.00～356.50m	362.00m

4. 调度措施及预案

（1）汛期调度。

1）汛期流域出现过程性强降雨预报，通过协调加大日调节水电厂负荷，提前降低水位，待降雨过程结束再做调整。

2）当日调节水电厂发生区间洪水，若洪水将接近10年一遇，立即申请带满负荷，协调上一级水电厂全停或按最小方式发电。

3）计算上一级水电厂拦蓄能力边界，评估其拦蓄能力，上一级水电厂水位较高时，可适当降低日调节水库水位，尽可能避免因上一级水电厂弃水造成多级水电厂弃水。

4）跟踪区间内其他水电厂泄洪情况，关注天气预报，加强本水电厂区间洪水滚动预报，滚动计算水位变化情况。

5）及时做好水情测算，协调增加夜间低谷出力，弃水期必须确保日调节水电厂满发。

6）做好水库调洪演算、方案编制和命令下达，加强泄洪预警，确保预警到位，正确执行调度命令。

7）做好防汛值班，加强发电设备运行监视，及时掌握上下游情况，做好信息汇报和发布。

（2）非汛期调度。

1）黔源集控做好发电计划安排，从电量计划上保证上一级水电厂电量与日调节水电厂的电量匹配。

2）当送出因设备故障全停，立即申请全停上一级水电厂机组或按最小运行方式发电。

3）做好水库调度计算，根据来水预测，计算送出因设备故障全停状态下日调节水库达到正常高水位的时间。

4）加强协调上级调度机构，及时掌握送出设备故障原因、跟踪抢修情况和预期恢复时间等，做好信息汇报和发布。

5. 精益化调度

2017年，在日调节水库调度过程中通过组织保障、明确职责分工、完善工作机制，按照调度措施开展调度，乌江梯级日调节水库2017—2019年精益化调度水位运行情况见表2.5-2，乌江梯级日调节水库2017—2019年精益化调度耗水率统计见表2.5-3。

表 2.5-2　　乌江梯级日调节水库 2017—2019 年精益化调度水位运行情况　　单位：m

时间		水位			
		索风营水电厂	格里桥水电厂	思林水电厂	沙沱水电厂
2017 年	1—4 月	835.90	717.53	433.41	363.79
	5 月	835.70	716.68	433.55	361.22
	6—8 月	834.27	716.75	435.03	357.63
	9 月 10 日	835.36	717.99	436.49	359.31
2018 年	上年 11 月至当年 4 月	834.96	717.94	438.10	362.88
	5 月	834.80	716.50	435.96	359.42
	6—8 月	834.43	716.71	433.32	355.53
	9 月 10 日	835.61	718.00	435.27	361.73
2019 年	上年 11 月至当年 4 月	835.26	717.36	437.41	362.78
	5 月	834.94	716.67	435.41	359.98
	6—8 月	833.60	717.65	434.26	356.35
	9 月 10 日	834.06	718.19	436.03	359.42

表 2.5-3　　乌江梯级日调节水库 2017—2019 年精益化调度耗水率统计表

单位：$m^3/(kW \cdot h)$

项目	水电厂耗水率			
	索风营水电厂	格里桥水电厂	思林水电厂	沙沱水电厂
2017 年	5.22	4.26	5.74	5.88
2018 年	5.21	4.23	5.63	5.79
2019 年	5.23	4.22	5.72	5.92
3 年均值	5.22	4.24	5.70	5.86

四、优化调度成效

从 2017—2019 年日调节水库精益化调度情况来看，索风营水电厂平均耗水率为 5.22$m^3/(kW \cdot h)$，明显低于历史平均 5.30$m^3/(kW \cdot h)$ 和最低水平 5.26$m^3/(kW \cdot h)$，节水增发电量 4.33 亿 kW·h；格里桥水电厂平均耗水率为 4.24$m^3/(kW \cdot h)$ 左右，明显低于历史平均 4.35$m^3/(kW \cdot h)$ 和最低水平 4.30$m^3/(kW \cdot h)$，节水增发电量为 0.87 亿 kW·h；思林水电厂平均耗水率为 5.70$m^3/(kW \cdot h)$ 左右，明显低于历史平均 5.90$m^3/(kW \cdot h)$ 和最低水平 5.74$m^3/(kW \cdot h)$，节水增发电量 6.74 亿 kW·h；沙沱水电厂平均耗水率为 5.86$m^3/(kW \cdot h)$，低于历史平均 5.95$m^3/(kW \cdot h)$ 和最低水平 5.90$m^3/(kW \cdot h)$，节水增发电量为 7.45 亿 kW·h。4 座日调节水库 3 年累计节水增

发电量为19.39亿kW·h，直接经济效益约为5.47亿元。

案例六　乌江下游梯级水库群汛限水位动态控制

一、实施时间

2014年7月—2019年12月。

二、实施背景

1. 调度背景

贵州境内乌江流域规划的主要水电厂已经全部开发完成。梯级11座水电厂中的9座属于贵州乌江水电开发有限责任公司（以下简称“乌江公司”）经营管理，主要包括洪家渡水电厂（3×200MW）、东风水电厂（3×190MW＋125MW）、索风营水电厂（3×200MW）、乌江渡水电厂（5×250MW＋3MW）、构皮滩水电厂（5×600MW）、思林水电厂（4×262.5MW）、沙沱水电厂（4×280MW）、大花水水电厂（2×100MW）、格里桥水电厂（2×75MW），总装机容量为8695MW。其中，下游构皮滩水电厂、思林水电厂、沙沱水电厂汛限水位以上防洪库容由长江委调度。

构皮滩水库、思林水库、沙沱水库在设计时是单独设计的，只考虑了坝址洪水，没有考虑梯级联合调度。2013年乌江全梯级形成后，在实际运行时，通过调节性能较大的构皮滩水库的拦蓄，思林水库、沙沱水库的坝址流量、洪峰流量也比设计时要小得多。近些年水电厂运行资料统计显示，构皮滩水库、思林水库在汛期没发生洪水时，水库水位大多数时候低于汛限水位，当遇到洪水时3个水库总的调蓄库容远大于规定的预留库容，水库的调蓄能力增大，思林水库、沙沱水库主要考虑区间来水，水电厂自身防洪安全和下游防护对象安全均得到最大程度的保护。构皮滩水库、思林水库、沙沱水库预报的站网、设施、设备及预报手段都比设计阶段有明显提高，预报精度更高，预见期更长。目前，当有区间降雨发生时，结合气象预报，能提前1～3天做出较为准确的定量预报，为水库的预报预泄、实时调度提供了有利条件。

近年来水资源供需矛盾日益突出，3个水库联合运行，通过构皮滩水库的调蓄，在不影响防洪安全的前提下，下游思林水库、沙沱水库可适当抬高运行水位，有利于提高水库防洪、发电等综合效益。

2. 调度策略

在构皮滩水电厂、思林水电厂、沙沱水电厂的工程设计中，汛限水位是根据有一定稀遇程度的全年设计洪水计算而确定的，在确保防洪度汛安全的前提下，对一般年份水库汛期发生的常遇洪水可以进行适当拦蓄，调洪水位可据预报预泄调度成果实施动态控制，并在下一场洪水到来之前，通过预报预泄将水库水位及时降至汛限水位以下。

加强与上级防汛管理部门的沟通联系，积极主动协同长江委、贵州省防汛抗旱指挥部办公室（以下简称“贵州省防办”）开展下游汛限水位动态控制工作机制、技术支持决策等方面的沟通和研究，与长江委及其技术支持机构建立了洪水调度协同工作长效机制，引进第三方专业技术力量，开展“基于下游汛限水位动态控制的梯级洪水预报、预泄调度外委服务”项目课题研究，不断提高乌江梯级洪水预报、预泄调度水平。当构皮滩、思林、沙沱水电厂发生区间洪水后，需要开展防洪调度时，根据乌江集控和第三方预报结果，经过会商后，向长江委提出联合调度建议，适时动态控制构皮滩、思林、沙沱水电厂汛限水位，拦蓄部分洪水，通过发电方式进行消纳，减轻下游思南、沿河县城、彭水水电厂等地沿岸的防洪压力，间接分担了三峡水电厂防洪压力，最大限度地提高洪水资源化利用率。

三、优化调度过程

（1）抓住时机，启动汛限水位动态控制工作。2014 年，乌江流域来水整体偏丰，全年共发生了 9 场较大洪水，特别是 7 月 17 日乌江全流域发生特大洪水，乌江集控明确了确保大坝、力保防护对象“双安全”的指导思想，通过发挥梯级联合调度优势，根据水情、险情及时调整调度方案，加强与长江委、贵州省防办、电网调度的协调，精心计算，运用预泄、削峰、错峰等科学手段，最大限度减小洪水的冲击，不仅确保了乌江公司水电厂安全度汛，而且为保护沿岸人民群众生命财产安全发挥了重要作用。此次洪水调度过程中未发生人身伤亡事件。在洪水调度过程中，乌江公司加强与上级防汛管理部门的沟通联系，构皮滩、思林、沙沱水电厂主汛期水位获准动态控制，与长江委、贵州省防办初步建立了沟通联系机制，开创了洪水调度工作新局面。

（2）建立机制，汛限水位动态控制常态化。2015 年，深入总结梳理 2014 年“7·17”洪水调度经验教训，通过与长江委就工作机制、技术支持决策等方面深入沟通，与长江委及其技术支持机构建立了洪水调度协同工作长效机制，与长江委技术支持机构开展“基于下游汛限水位动态控制的梯级洪水预报、预泄调度外委服务”项目研究，全面提高乌江梯级洪水预报、预泄调度水平。当开展构皮滩、思林、沙沱防洪调度时，根据乌江集控和第三方预报结果，向长江委提出联合调度建议，动态控制构皮滩、思林、沙沱水电厂汛限水位，适时、适量拦蓄洪水。

（3）科学调度，汛限水位动态控制成效明显。以 20190622 号洪水为例。2019 年 6 月 22 日，乌江流域发生了一次强降雨过程，降雨主要集中在乌江渡以下流域，雨量中到大雨，局地大暴雨，乌江梯级流域面雨量为 20mm，沙沱坝上降雨累计达 139mm。受强降雨影响，乌江流域发生一次明显洪水过程，长江上游水文局预计：沙沱区间流量将达到 4000m^3/s（达区间 10 年一遇洪水），叠加下游支流芙蓉江、郁江发生较大洪水，武隆站将于 6 月 22 日 22 时出现洪峰水位，超过警戒水位 1.5m，沙沱水电厂下游重庆境内的彭水水电厂、武隆县城防洪压力陡增。由于构皮滩水库具有年调节性能，在该场次洪水调度过程中，构皮滩水库水位 617.22m，距正常蓄水位相应库容有 9.0 亿 m^3，有足够空库容用于该场次洪水拦蓄，可最大限度减轻下游防洪压力。6 月 22 日 18 时按照长江委、贵州省防办要求，考虑乌江中下游防洪形势和重庆防洪要求，决定实施构皮滩水库、思林水库、沙沱水库与彭水水库联合调度，构皮滩水库、思林水库减少出库流量，沙沱水库不开闸，维持 4 台机满发。乌江集控积极协商南网总调、贵州中调将构皮滩水电厂6月22日20时—6月23日10时时段的全厂出力由2700MW减至55MW，思林水电厂6月22日20时—6月23日10时4台机全停；沙沱水电厂通过机组发电，出库流量为1900m³/s。通过梯级水库拦、错、蓄、泄等联合调度措施，乌江流域洪峰于6月22日20时20分顺利通过乌江武隆站，武隆站洪峰水位低于警戒水位0.07m，较联合调度前预报的洪峰水位下降1.57m，确保武隆县城“零伤亡”“零转移”度过险情。同时根据预报的天气情况，经协调长江防总、贵州省水利厅许可，思林水电厂、沙沱水电厂通过发电于6月30日前将水位降至汛限水位以下运行，顺利完成此次洪水调度工作。2015—2019年乌江下游水库群汛限水位动态控制超蓄水量统计见表2.6-1。

表2.6-1　2015—2019年乌江下游水库群汛限水位动态控制超蓄水量统计表

年份	水电厂	时　间	超蓄最高水位/m	超蓄水量万m³	次数/次	增发电量/(亿kW·h)	经济效益/万元
2015	构皮滩	6月22日20时—6月25日23时	626.44	2200	7	2.54	7264
	思林	6月10日15时—6月15日7时	436.40	5000			
		6月18日13时—7月6日7时	438.07	11100			
		8月8日8时—8月13日10时	436.16	4100			
	沙沱	6月3日10时—6月6日23时	360.37	8200			
		6月10日16时—7月15日6时	362.98	15400			
		8月6日17时—8月28日9时	360.78	9300			
2016	思林	7月20日13时—7月21日7时	436	3502	8	0.86	2494
		8月20日15时—8月21日4时	435.25	883			
		8月22日18时—8月28日8时	436.09	3858			
		8月28日12时—8月30日14时	435.35	1237			
		8月31日20时—24时	435.25	883			
	沙沱	7月4日20时—7月5日7时	357.22	522			
		7月20日6时—7月28日10时	362.45	13892			
		8月20日2时—8月31日24时	360.01	7150			
2017	构皮滩	6月30日17时—7月29日15时	628.61	25264	8	3.3	9276
	思林	6月24日21时—6月29日7时	437.38	8531			
		6月30日7时—7月27日4时	438.87	14060			
		8月6日4时—8月6日17时	435.09	318			
		8月16日17时—8月23日5时	437.28	8164			
	沙沱	6月5日7时—6月7日8时	358.86	4416			
		6月24日5时—6月29日12时	362.63	14412			
		6月30日16时—8月2日10时	363.38	16490			
2019	思林	6月14日2时—6月15日3时	435.16	563			
		6月16日19时—6月17日20时	435.47	1654			
		6月18日0时—6月19日8时	435.64	2253			
		6月22日20时—6月29日6时	438.21	11582			

续表

年份	水电厂	时　间	超蓄最高水位/m	超蓄水量万 m^3	次数/次	增发电量/(亿 kW·h)	经济效益/万元
2019	沙沱	6月13日15时—6月18日19时	360.23	7761	9	0.89	3083
		6月22日9时—6月30日6时	360.05	7262			
		7月13日12时—7月14日13时	357.47	1116			
		8月10日0时—8月13日10时	358.90	4512			
		8月29日21时—8月31日23时	357.90	2137			
合计				217722	32	7.59	22117

注　2018年，乌江流域天然来水量偏少，属枯水年份，各库未出现超蓄现象。

本场次调洪过程中构皮滩水库最高水位619.99m，拦蓄洪水2.04亿 m^3；思林水库最高水位437.77m，拦蓄洪水1.12亿 m^3；沙沱水库最高水位360.01m，拦蓄洪水0.76亿 m^3。其中，思林、沙沱水电厂利用汛限水位以上库容拦蓄1.88亿 m^3 洪水。6月22日以来累计减少弃水折合电量0.52亿kW·h。此次联合调度在有效保障乌江中下游人民群众生命财产安全的同时，共计减少弃水折合电量0.52亿kW·h，实现安全、经济效益双赢。

四、优化调度成效

通过开展乌江流域下游水库群汛限水位动态控制，2015—2019年洪水调度工作在确保了构皮滩、思林、沙沱水电厂自身防洪安全和下游防护对象防洪安全的前提下，科学开展汛限水位动态控制共32次，累计超蓄洪水21.77亿 m^3，累计增发电量7.59亿kW·h，直接经济效益约2.21亿元，洪水资源化利用取得明显成效，达到了预期目标和效果。

案例七　中国-东盟博览会“保电”期间红水河梯级水库联合优化调度

一、实施时间

2017年9月11—16日。

二、实施背景

大化水电厂是红水河梯级开发的第6级，上游为岩滩水电厂，下游为百龙滩水电厂，水电厂装机容量566MW，水库具有日调节能力。大化水电厂电力主送南宁网区，是广西南宁的重要电源支撑点，对南宁城区供电安全具有十分重要的作用。受机组特性和下游梯级回水等因素影响，大化水电厂最大出力只能稳定在500MW左右，且出入库流量必须严格控制在3100m^3/s、水头控制在19～20m附近，才能保证大化出力在此范围。

1. 调度背景

2017年9月12—15日，第14届中国-东盟博览会在广西南宁举办，这是中国-东盟集政治、外交、经贸、人文于一体的全方位合作盛会，是国家层面直接主办、具有特殊国际影响力的国家级重点展会。为保障会议期间南宁电力供应安全，广西电网制定相关保电方案，要求在电网负荷高峰时段（10—22时），大化水电厂须维持500MW的发电能力。

2. 面临形势

9月上旬，红水河流域有持续性降雨，来水偏丰，根据中短期气象预报，结合上游龙滩水电厂、岩滩水电厂梯级水库蓄水和发电情况，预计9月11—16日大化水电厂平均入库流量在3800～4000m^3/s，平均水头为17～18m，发电能力在400MW，无法满足高峰时段保电方案要求的500MW发电能力，需要与上游梯级水库联合调度，才能保证负荷高峰时段大化水电厂机组工况要求的发电水头和水量。

三、优化调度过程

1. 方案准备

开展梯级水电厂联合调度，需要综合考虑梯级水库调蓄能力、径流传播时间、水位流量关系、电网负荷曲线等因素，为方案制定提供可靠依据。

（1）实时掌握上游梯级水库运行情况，全面掌握上游梯级水库调节能力及其变化趋势。

（2）分析各梯级水库运行资料，掌握龙滩—岩滩—大化梯级水电厂流量滞时特性、大化水电厂尾水消退时间等参数。

（3）分析电网负荷曲线，掌握电网负荷特性及其对各梯级水电厂的运行要求。

（4）根据上述资料或参数，结合电网保电方案要求，制定龙滩、岩滩、大化3个梯级水电厂的联合调度方案。

2. 优化操作

根据制定的调度方案，协调南网总调、广西中调合理安排上游龙滩水电厂、岩滩水电厂日运行方式，利用龙滩、岩滩、大化水电厂水库的调节库容，通过大化水电厂泄洪闸门进行补偿调节，让入库流量过程和水头变化过程与负荷曲线相一致，实现预期调控目标。具体控制如下：

（1）龙滩水电厂：水库已趋于蓄满，以水位不越限为约束适当拦蓄，减轻下游梯级调控压力。

（2）岩滩水电厂：利用保电前负荷宽松的有利时机，库水位于9月11日提前消落到219.00m以下，腾出库容拦蓄部分区间来水，为下游大化水电厂进行补偿调节。

（3）大化水电厂：在考虑径流传播时间基础上，低谷时段加大预泄腾库，非低谷时段出入库平衡，高峰时段适度拦蓄减少出库，且尽量保持154.5m以上高水位运行，确保水头满足要求。实施联合调度后大化水电厂水头、预想出力过程线如图2.7-1所示。

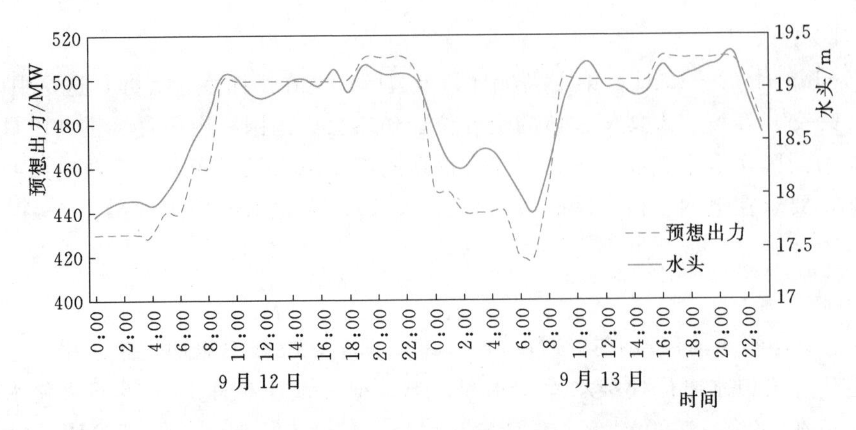

图 2.7-1 实施联合调度后大化水电厂水头、预想出力过程线

（4）联合调度期间，上述步骤（2）、（3）配合每日循环1次。

四、优化调度成效

通过开展梯级水库联合优化调度，实现了预期目标，取得了预期成效。

（1）大化水电厂：9月12—15日大化水电厂平均发电水头达18.82m，较单库调度提高约1.3m；日均出力达480MW，较单库调度增加80MW，其中负荷高峰期（10—22时）平均水头均在19m以上，平均出入库流量为3260m³/s，保证高峰时段出力达500MW，圆满完成了此次重大保电任务。9月12—13日大化水电厂入库流量过程线如图2.7-2所示。

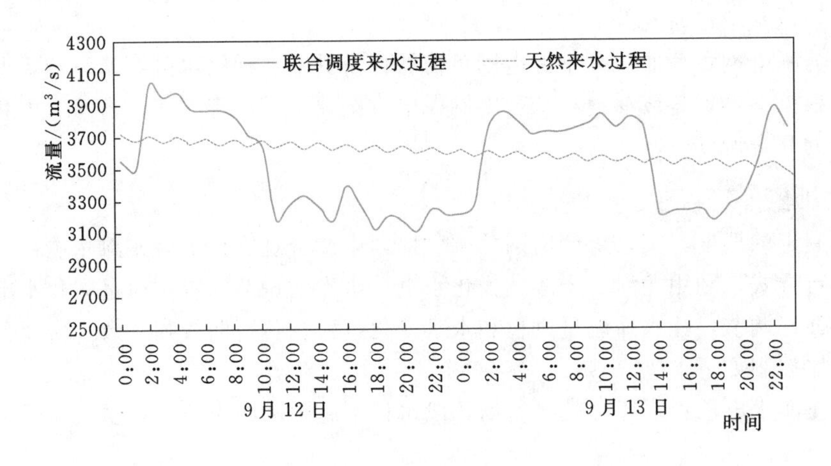

图 2.7-2 9月12—13日大化水电厂入库流量过程线

（2）岩滩水电厂：调度期间水库水位逐步回蓄到221.00m以上，增加蓄水约1亿m³，为汛末水库蓄满打下坚实基础。

（3）龙滩水电厂：水库维持蓄满状态，且水库水位平稳，在减少下游梯级弃水量的同时，为后期梯级联合调度预留了适度的调节库容和较充足的发电水量。

五、本案例其他有关情况

当来水超过满发流量，且出现一定的出力受阻情况时，因电网峰谷差较大，出现低谷期电力过剩、高峰期负荷紧张，可利用上游梯级水库的调节能力，以及目标水库的低谷期预泄、高峰期拦蓄，实现水头变化过程与电网负荷需求过程相匹配，从而增加厂网的调峰能力。其适用条件包括以下几点：

（1）上下游梯级间径流传播时间小于8小时。

（2）因来水原因导致水电厂出力受阻，梯级水库最大出库流量对防洪无影响。

（3）低谷期电网负荷过剩且有调峰弃水，但高峰期负荷紧张。

（4）实行峰谷电价的水电厂，可按照此方法开展单库调度，负荷高峰期多发电量。

红水河流域梯级大化、百龙滩、乐滩水电厂因水库调节性能低、发电水头小，洪水期间不同程度出现出力受阻现象，通过开展联合调度，能够较充分利用龙滩、岩滩水电厂水库调节库容进行补偿调节，同时也最大限度挖掘下游大化、乐滩水电厂水库自身的调节库容，有效避免或减少出力受阻，提高负荷高峰期出力，对优化电网运行具有一定的促进作用。2017年以后，每年汛前都多次进行此类联合调度，对减少弃水损失、提高供电安全起到了较好作用。

案例八　红水河流域“6·16”洪水期间网、省梯级联合优化调度

一、实施时间

2017年6月12—20日。

二、实施背景

1. 前期运行及降雨实况

2017年6月上旬，红水河流域降雨偏多接近2成，龙滩水电厂出库流量1600m³/s左右，截至6月11日，龙滩水电厂水库水位为336.50m，岩滩水电厂至乐滩水电厂入库流量为1700～2600m³/s。

从6月12日开始红水河流域出现强降雨，降雨带从上游逐步向中下游移动，16日大化水电厂、乐滩水电厂区间出现暴雨，各梯级区间累计面雨量达90～150mm。

2. 产流及洪水实况

此次降雨历时长、强度大，各梯级水电厂区间产流明显，其中龙滩水电厂区间日均产流流量由400m³/s上涨至1700m³/s，岩滩水电厂、乐滩水电厂区间日均产流流量由300m³/s上涨至1400m³/s左右，大化水电厂至百龙滩水电厂区间日均产流流量也超过1000m³/s。预计岩滩水电厂至乐滩水电厂区间流量将达到5000m³/s，超过梯级水电厂

满发流量 1500～2000m³/s。

3. 面临形势分析

截至本次区间洪水前，龙滩水电厂水库水位在 336.50m 附近，距离汛限水位 359.30m 有 22.80m，对应可调库容为 51.2 亿 m³，可为下游梯级进行较大幅度调控。本次强降水的暴雨中心在中下游区间，如果不提前对龙滩水电厂、岩滩水电厂进行调控，将导致岩滩水电厂下游梯级各水库产生弃水。2017 年 6 月 10—20 日岩滩水电厂坝上水位过程线如图 2.8-1 所示，2017 年 6 月 10—20 日龙滩水电厂坝上水位过程线如图 2.8-2 所示。

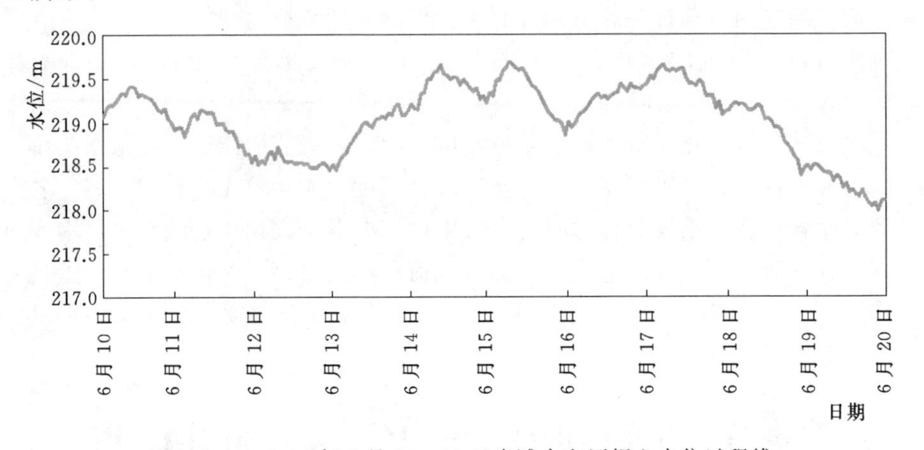

图 2.8-1　2017 年 6 月 10—20 日岩滩水电厂坝上水位过程线

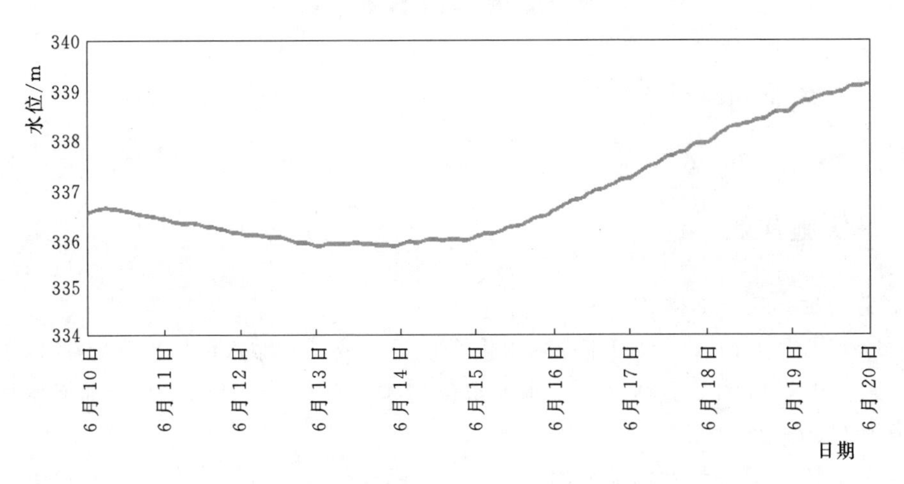

图 2.8-2　2017 年 6 月 10—20 日龙滩水电厂坝上水位过程线

三、优化调度过程

1. 加强水雨情监测并及时预警

值班人员加强对各水电厂流域水雨情监测，严密跟踪最新气象预报信息，并根据气象预报和电网调度要求，于 6 月 11 日在大唐广西分公司内部发布强降雨预警，协调公司职能部门及时部署相关预防预控措施。

2. 协调配合开展洪前预泄

洪水入库前，提前12～24h向电网申请加大岩滩水电厂、大化水电厂、乐滩水电厂出力尽可能腾库。岩滩水电厂、大化水电厂、乐滩水电厂洪前最低水位分别降至218.50m、153.10m和109.60m，为迎接洪水预留调节库容约3亿m^3。

3. 跨平台优化调度

发挥南网总调“大平台”和龙滩水电厂“总开关”作用，根据雨水情实况及预报，及时向南网总调申请调减龙滩水电厂出力，为岩滩水电厂实施反调节和削减下游梯级洪峰腾出更大空间，6月15—19日将原计划出库流量从1400m^3/s下调到500m^3/s。

4. 多梯级联合调度

发挥梯级联合调度优势，在协调龙滩水电厂大幅拦蓄的同时，及时向广西中调申请调减岩滩水电厂、大化水电厂出力，充分利用洪前5个梯级腾出的库容，最大限度实施拦蓄和错峰，延缓乐滩水电厂开闸弃水时间约12h。同时，在乐滩水电厂开闸后，及时将优化调度重点转移到“保大化、岩滩不弃水、乐滩少弃水”。

四、优化调度成效

在电网调度的大力支持下，通过电网优化水电、火电、核电运行方式，成功实施了和龙滩水电厂至乐滩水电厂“梯级联合调度”，充分发挥了龙滩水电厂拦蓄、岩滩水电厂反调节和大化水电厂、乐滩水电厂预泄腾库作用，不论在电量增发、弃水减少，还是在防洪安全上都达到了预期效果。

1. 调洪增发电量

通过洪前预泄，岩滩、大化、乐滩水电厂水库累计提前腾库1.5亿m^3，洪水期间重复利用岩滩库容2.5亿m^3，共增加梯级发电用水量3.4亿m^3，梯级累计增发电量8800万kW·h。

2. 减少弃水

通过龙滩水电厂水库拦蓄、岩滩水库调控，实现了岩滩水电厂、大化水电厂本次库区强降雨洪水期间不弃水，延迟乐滩水电厂弃水时间12小时，累计减少梯级泄洪水量约4.0亿m^3，相应减少弃水损失约2000万kW·h。

3. 增加蓄能

洪水前后龙滩水电厂水库水位由336.50m上涨至339.10m，相应库容增加了4.7亿m^3，梯级蓄能增加约27500万kW·h。

4. 其他效益

通过此次联合优化调度，乐滩水电厂出库断面洪峰流量减少约2000m^3/s，减少了流域洪水对下游防洪可能产生的不利影响，充分发挥了梯级水电厂的综合利用效益。

五、本案例其他有关情况

本案例说明，开展网、省梯级水库联合优化调度，做好水雨情预测和暴雨洪水预控是基础，做好滚动优化调整是关键，做好电网方式优化安排是保障。因此，针对某场洪水过程，需要做好来水形势的提前预判，需要水电、火电、核电联动，需要跨调度层级、跨区域（流域）联动，才能实现预期目标。

目前，南方电网区域大部分流域的梯级水电厂均存在两级调度情况，且梯级水电厂开发已基本完成，水库运行环境与红水河流域较为相似。因此，红水河流域“6·16”洪水期间网、省梯级联合优化调度的成功经验，可推广应用到相关流域调度。

案例九 糯扎渡—景洪梯级水电厂下游船舶巡航期间联合优化调度

一、实施时间

2018年8月11—25日。

二、实施背景

（1）2018年8月18—20日，糯扎渡—景洪梯级水电厂配合500kV纳思甲线停电检修。500kV纳思甲线停电期间，需控制500kV景思乙线（景洪水电厂→思茅）＋220kV版木线（版纳→木乃河）断面不大于±280MW，此项断面控制要求直接影响景洪水电厂出力，而景洪水电厂出力变化与其入库流量及水位变化过程直接相关。

（2）2018年8月21—25日，糯扎渡—景洪梯级水电厂下游船舶巡航工作。

三、优化调度过程

（1）2018年8月11—17日，景洪水电厂开展拉水腾库准备工作。

（2）景洪水电厂入库流量主要由上游糯扎渡水电厂出力所决定，在糯扎渡水电厂水库水位未接近汛限水位时，普侨直流外送能力是决定糯扎渡水电厂出力的关键因素，即改变景洪水电厂出力将间接影响西电东送电量。

（3）景洪水电厂水位变化直接影响其出库流量，电网线路检修将直接影响外送电量及景洪水电厂出库流量。而8月景洪水电厂下游开展船舶巡航工作，对景洪水电厂出库流量又有控制要求。

（4）针对上述电网线路检修可能引起水库运行过程中潜在的风险，采取措施如下。

1）提前协调安排线路检修时间，使检修工作时间与巡逻执法时间完全衔接。

2）提前分析研判景洪水电厂区间来流变化情况及西电东送用电需求。

3）重点考虑实际水库运行中对出力变幅的特定约束及景洪水电厂出库流量用水要求。为最大限度减少线路检修对上游糯扎渡水电厂出力（涉及西电东送电量）的影响，从8月11日开始，通过加大发电量来提前腾出景洪水电厂可用库容1.7亿m^3，为线路检修及后期船舶巡航创造有利的运行条件。

四、优化调度成效

（1）通过对景洪水电厂提前实施拉水腾库策略，使上游糯扎渡水电厂在线路检修期间并未以减少出力的调控手段来匹配控制景洪水电厂水库水位，实现了糯扎渡水电厂在线路检修期间增发电量 6500 万 kW·h 左右，日均增发电量约 2100 万 kW·h。同时糯扎渡水电厂又是西电东送直流外送通道配套电源，增发电量即意味着增加西电东送电量；8 月云南省正值主汛期，全省存在大量富余水电，而增加西电东送电量对减少弃水及促进水电消纳等方面成效显著。

（2）线路检修期间，因糯扎渡水电厂并未以减少出力的方式来匹配控制景洪水电厂水库水位，使得糯扎渡水电厂水库在主汛期少蓄水 1.4 亿 m^3，使其在汛末能够更好地发挥调蓄作用。

（3）提前沟通协调，使线路检修与船舶巡航时间完全衔接，并分析研判线路检修对景洪水电厂水库水位及下游国家对景洪水电厂水库出库流量用水要求的影响，通过加大发电量来提前腾出景洪水电厂可用库容 1.7 亿 m^3，为线路检修及后期船舶巡航创造有利运行条件。

五、本案例其他有关情况

（1）因糯扎渡水电厂并未以减少出力的方式来匹配控制景洪水电厂水库水位，使得糯扎渡水电厂在线路检修期间增发电量。糯扎渡水电厂参与、不参与优化调度水位流量过程如图 2.9－1 和图 2.9－2 所示。

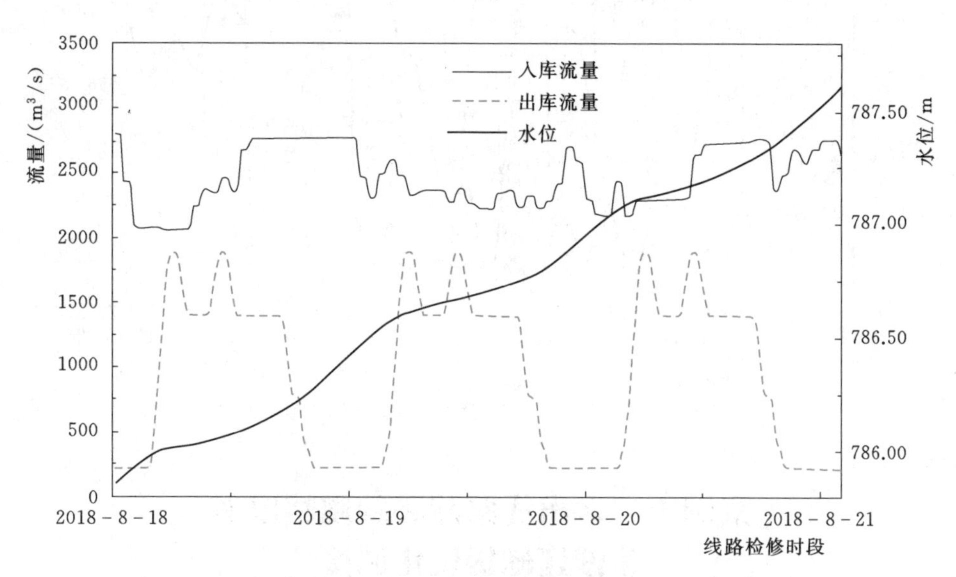

图 2.9－1　糯扎渡水电厂参与优化调度水位流量过程图

（2）结合电网线路检修及船舶巡航，景洪水电厂参与优化调度水位流量过程如图 2.9－3 所示。

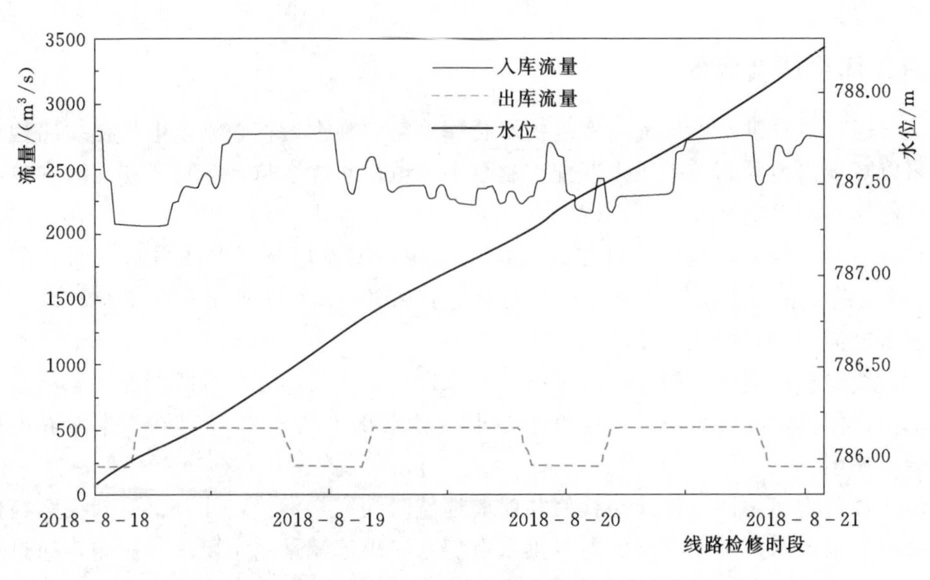

图 2.9-2 糯扎渡水电厂不参与优化调度水位流量过程图

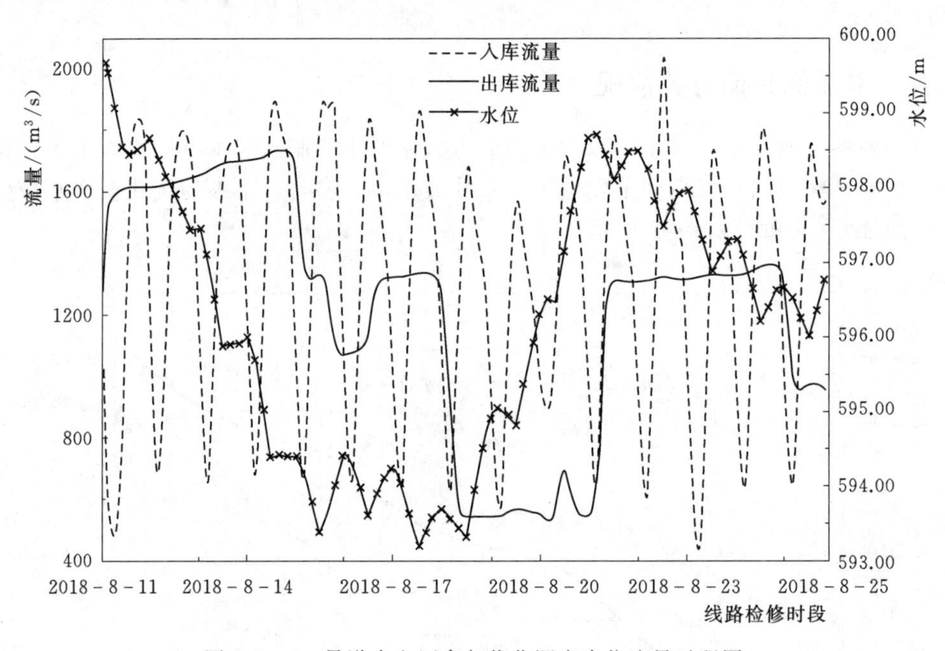

图 2.9-3 景洪水电厂参与优化调度水位流量过程图

案例十 送出线路故障跳闸情况下金沙江梯级优化调度

一、实施时间

2018 年 6 月 16—17 日。

二、实施背景

2018 年 6 月 16 日 5 时 37 分，500kV 龙仁线 AC 相跳闸（期间 500kV 龙鲁线计划性检修停运），龙开口水电厂全站失压，仅剩 4 号机组带厂用电。7 时 5 分，云南中调由仁和变侧对 500kV 龙仁线进行强送电，送电不成功。10 时 40 分，巡线检查发现 500kV 龙仁线 11 号塔 A 相导线绝缘子断裂导致子导线脱落，脱落时引起 AC 相相间短路。

500kV 龙仁线跳闸后，龙开口水电厂水位持续上涨，从 6 时的 1293.32m 持续上涨至 11 时的 1295.15m（距正常高水位仅剩 2.85m），并继续上涨，存在较大的弃水风险。

三、优化调度过程

云南中调立即评估龙开口水电厂弃水风险，优化金中梯级电厂发电运行安排，及时采取各种措施全力避免龙开口水电厂弃水。

（1）及时向南网总调汇报，协调临时大幅调减上游金安桥水电厂发电出力，于 11 时 30 分开始调减金安桥水电厂出力，最大调减了 1600MW，至 6 月 16 日 24 时，金安桥水电厂发电量较计划调减了 1500 万 kW・h，最大限度延缓了龙开口水电厂水位上涨速度。

（2）为了控制金安桥水电厂调减出力期间水位上涨速度，在满足金中直流孤岛、梨园水电厂加阿海水电厂总出力控制在 2500MW 的要求下，协调适当增加梨园水电厂出力、调减阿海水电厂出力，减少金安桥水电厂入库流量。

（3）考虑到一旦 500kV 龙仁线复电，龙开口水电厂将以最大能力发电降低水位，龙开口水电厂下游鲁地拉、观音岩水电厂入库会大幅增加，存在弃水风险，云南中调提前加大了鲁地拉、观音岩水电厂发电，将水位控低，降低鲁地拉、观音岩水电厂弃水风险。

（4）在 6 月 17 日 6 时 20 分 500kV 龙仁线复电后，云南中调及时加大龙开口水电厂出力，同时协调南网总调加大金安桥水电厂出力，降低水库水位。

四、优化调度成效

6 月 16 日 5 时 37 分，500kV 龙仁线 AC 相跳闸，6 时龙开口水电厂水位为 1293.32m；6 月 17 日 6 时 20 分 500kV 龙仁线复电，7 时龙开口水电厂水位为 1297.87m（较 500kV 龙仁线跳闸时上涨了 4.55m），距离正常高水位仅 13cm，成功避免了龙开口水电厂弃水。6 月 16—17 龙开口水电厂逐小时水位流量过程如图 2.10 - 1 所示。

为了降低龙开口水电厂弃水风险，上游金安桥水电厂在 500kV 龙仁线停运期间上涨了 5.47m，为龙开口水电厂拦蓄了 9200 万 m^3 水。

五、本案例其他有关情况

本案例适用于流域梯级水电厂，当下游水电厂因送出线路跳闸或机组设备缺陷紧急停运等紧急情况且上游水电厂尚具备一定的调节能力时，可利用流域梯级水电厂的调节库容开展梯级优化调度，避免或减少弃水。

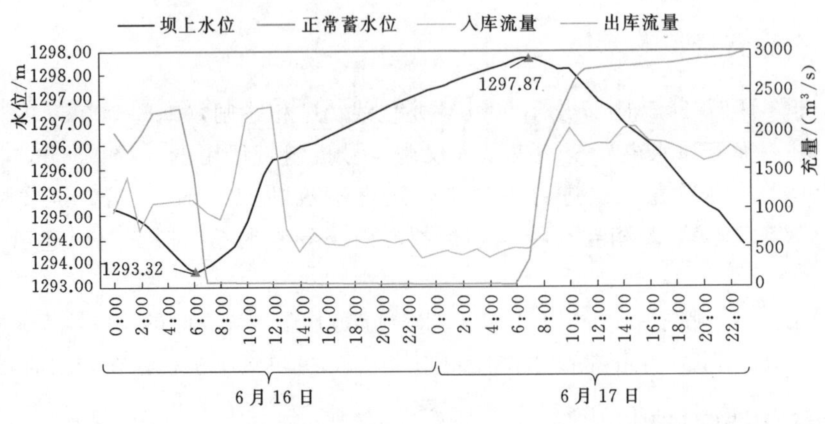

图 2.10-1　6 月 16—17 日龙开口水电厂逐小时水位流量过程线

案例十一　兼顾新能源全额吸纳的牛栏江梯级优化调度

一、实施时间

2018 年 10 月 15 日—11 月 3 日。

二、实施背景

近年来，贵州六盘水地区风电、光伏等新能源快速增长。风电、光伏出力随机波动给六盘水区域电网安全稳定运行带来较大影响，为保证电网安全稳定运行，六盘水地区须严格实施断面极限控制。2018 年牛栏江梯级水电（装机容量 453.9MW）接入贵州电网，进一步凸显了六盘水区域清洁能源送出通道空间不足的状况。牛栏江梯级并入贵州的水电厂自上而下分别为大岩洞水电厂（不完全日调节）、象鼻岭水电厂（不完全年调节）、小岩头水电厂（不完全日调节）。2018 年 10 月 15 日，因前期流域降雨，这 3 座水电厂水库水位均处于较高水平。

2018 年 10 月 30 日—11 月 3 日，220kV 水威Ⅱ回线停电，恢复原野水线及 220kV 威宁变至高峰变Ⅱ回线施工，施工期间控制 220kV 高水Ⅰ回线不超 320MW。为此，马摆大山风电场、大海子风电场、乌江源风电场、象鼻岭电厂（水电及光伏）、大岩洞水电厂、小岩头水电厂、中梁子光伏电厂、玉龙光伏电厂、小关山光伏电厂、平箐光伏电厂、幺站光伏电厂、梅花山风电场（并高峰变风机）、麻窝山风电场、关风海七里半风电场等威宁、高峰区域 14 座清洁能源电厂须调整出力配合断面控制。该区域内的 14 座电厂总装机容量为 1740.9MW，其中，风电及光伏装机容量为 1287MW，牛栏江梯级水电厂装机容量为 453.9MW，经预测分析，施工期间所涉及的电厂总共发电负荷空间仅 490MW。根据当前全额吸纳新能源的节能调度原则，220kV 水威Ⅱ回线停电期间，断面内的风电及光伏发电量需优先吸纳，水电极端情况下无发电空间。

三、优化调度过程

为降低线路停电期间牛栏江梯级水电厂弃水风险，贵州中调实施发电拉水腾库策略，于10月15日提前安排牛栏江梯级水电厂降水位运行，通过优化牛栏江梯级水电运行方式，至10月29日将梯级3座水电厂水位均降低至安全可靠水平，充分利用了水能资源，确保了线路停电施工工作如期开展；施工期间，根据天气情况，在保证风电及光伏全额吸纳的前提下，动态优化牛栏江梯级水电的运行方式，确保了各水电厂水库水位可控在控，并最大限度地释放了水电发电出力。牛栏江梯级各水电厂发电量及水位变化如图2.11-1～图2.11-3所示。

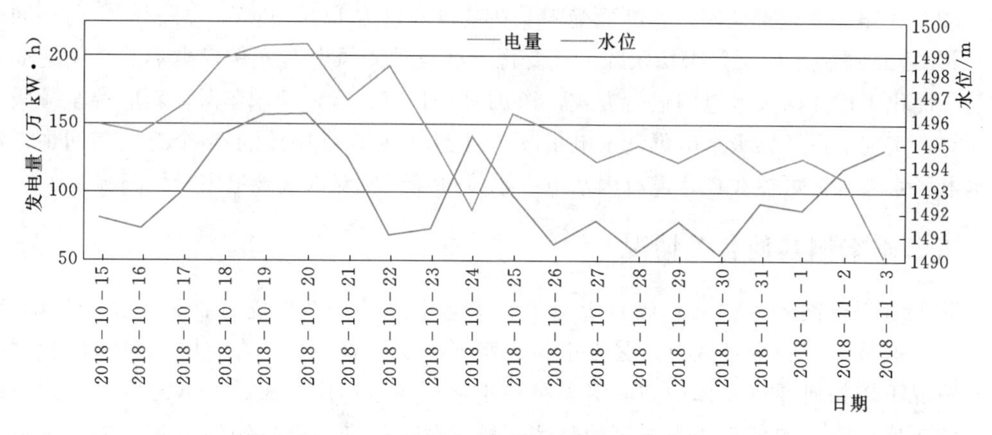

图2.11-1　大岩洞水电厂发电量及水位变化过程

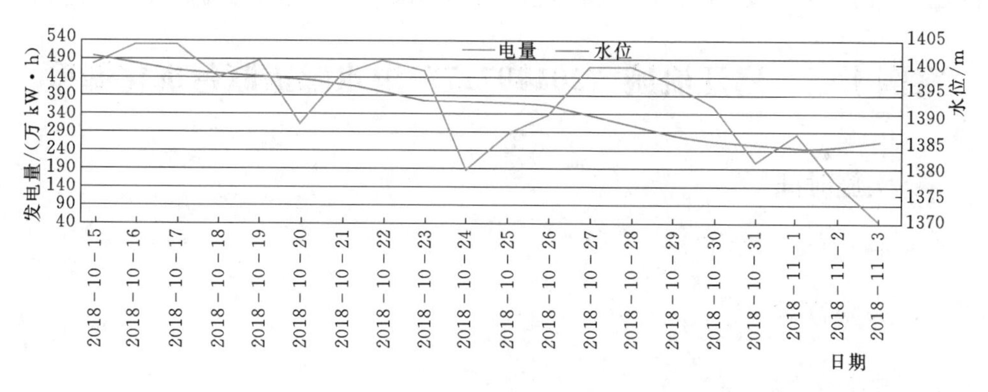

图2.11-2　象鼻岭水电厂发电量及水位变化过程

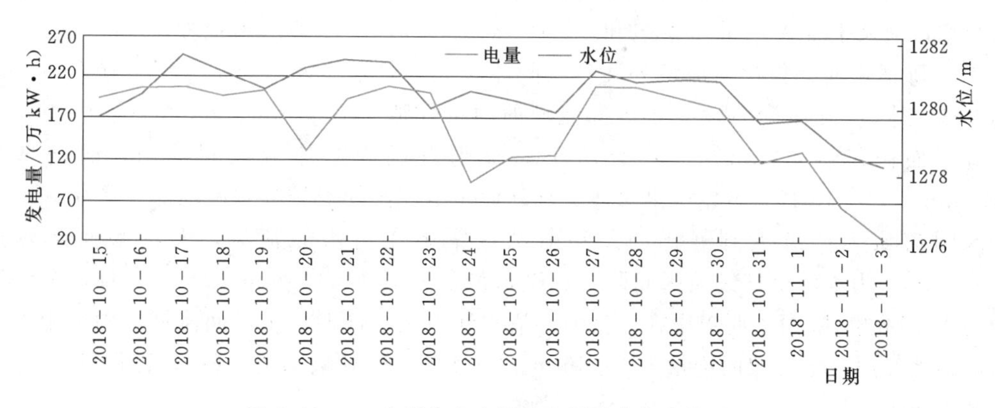

图2.11-3　小岩头水电厂发电量及水位变化过程

四、优化调度成效

（1）在保证风电及光伏全额吸纳的前提下，利用有限的送出通道空间，通过优化梯级水电运行方式，提前加大发电拉水腾库充分利用水能资源，确保了线路停电施工工作的按计划进行。10月15—29日，牛栏江梯级水电厂没有产生弃水，并实现了牛栏江梯级水电累计发电量1.13亿kW·h，为全网电力供应及节能发电工作作出了积极贡献。

（2）线路停电施工期间，因断面受限，在装机容量为1740.9MW、总发电负荷空间仅为490MW的恶劣条件下，密切跟踪天气变化，准确预测风电及光伏发电形势，见缝插针地动态优化牛栏江梯级水电的运行方式，10月30日—11月3日，在保证新能源全额吸纳的同时，实现牛栏江梯级水电累计发电量0.67亿kW·h，并确保了整个施工期间牛栏江各水电厂水库水位可控在控，没有因水电厂水位过高产生弃水或被迫中断线路施工工作。

五、本案例其他有关情况

并入贵州电网的牛栏江梯级自上而下3座水电厂的调节性能分别为不完全日调节、不完全年调节、不完全日调节，其发电拉水腾库的主要难点是：在有限的时间内和发电空间情况下，如何通过发挥中间一级象鼻岭水电厂调节作用，兼顾上下游发电方式，统筹评估各库风险，实现3座水电厂的整体运行优化，保证水能资源的高效利用，保障线路检修工作的正常开展。本案例的实施过程可为梯级类似运行情况提供参考。

案例十二　乌江流域“20140717”洪水梯级联合优化调度

一、实施时间

2014年7月12—23日。

二、实施背景

1. 前期降雨情况

2014年7月3—13日，乌江流域出现了4次明显的全流域降水天气过程。受前期降雨影响，流域土壤含水量基本饱和。7月14—17日，乌江流域出现强降雨过程。7月14日，除清水河、猫跳河流域外，各区间流域大到暴雨，大暴雨站点集中在东风、思林、沙沱水电厂区间流域，3个区间流域面雨量分别为72.4mm、84.0mm、89.9mm，全流域面雨量为51.3mm。7月15日，降雨发展为全流域大到暴雨，面雨量为70.4mm。7月16日，普定、洪家渡、乌江渡水电厂区间流域降雨减弱为小到中雨，其余区间流域为持续大到暴雨；大暴雨站点集中在清水河流域，大花水面雨量达116.5mm，为本轮单日最大区间降雨；全流域面雨量为41.8mm。7月17日，全流域降雨逐步减弱，降雨主要集中在三岔河、清水河以及乌江渡以下区间流域，雨量中到大雨，局地暴雨，全流域面雨量为16.6mm。2014年乌江梯级水电厂各区间面雨量统计见表2.12-1。

表 2.12-1　　2014 年乌江梯级各区间面雨量统计表　　单位：mm

日　期	洪家渡水电厂	东风水电厂	索风营水电厂	乌江渡水电厂	构皮滩水电厂	大花水水电厂	思林水电厂	沙沱水电厂	普定水电厂	引子渡水电厂	红枫水电厂	全流域
7月10—13日合计	55.2	20.5	30.4	29.8	17.0	8.8	20.4	30.3	37.8	14.3	16.6	30.9
7月14日	40.6	72.4	26.7	39.3	48.8	12.2	84.0	89.9	61.9	52.7	18.5	51.3
7月15日	36.3	96.1	92.3	81.2	89.4	41.7	94.7	83.9	62.1	103.3	78.0	70.4
7月16日	19.6	46.9	46.0	16.3	30.6	116.5	48.7	48.4	28.5	74.0	89.2	41.8
7月14—16日合计	96.4	215.4	165.0	136.7	168.9	170.5	227.4	222.1	152.4	230.0	185.7	163.6
7月17日	4.0	19.8	11.5	4.8	12.5	23.3	29.5	27.2	26.8	24.0	18.2	16.6
7月18日	1.7	0.5	1.7	8.1	1.9	7.5	3.4	1.7	7.2	1.0	0.9	3.5
7月14—18日合计	102.1	235.7	178.2	149.6	183.2	201.2	260.3	251.1	186.4	255.0	204.8	183.6
7月19日	10.0	10.2	8.1	5.4	6.5	5.6	1.8	1.4	11.0	13.0	11.7	6.7
7月20日	9.4	5.9	2.4	2.1	1.7	6.1	0.8	0.8	13.9	7.3	6.9	5.1
7月14—20日合计	121.5	251.7	188.7	157.1	191.4	212.9	262.9	253.2	211.3	275.3	223.4	195.5

2. 洪水情况

乌江流域出现持续强降雨过程后，7 月 15 日产流明显，全流域洪水起涨快、消退慢，洪水历时长、洪量大，沙沱水电厂坝址以上遭遇了 50 年一遇的洪水，支流清水河、干流构皮滩至沙沱区间均遭遇了超 100 年一遇的洪水。

7 月 15—21 日梯级天然来水量为 80.78 亿 m^3。梯级除洪家渡水电厂外全部开闸泄洪，各水电厂入库洪峰多数出现在 7 月 17 日，入库洪峰流量分别为：洪家渡水电厂 2770m^3/s（7 月 16 日 19 时），东风水电厂 4160m^3/s（7 月 17 日 5 时），索风营水电厂5590m^3/s（7 月 18 日 17 时），乌江渡水电厂 7340m^3/s（7 月 16 日 20 时），构皮滩水电厂16900m^3/s（7 月 17 日 1 时），思林水电厂 14700m^3/s（7 月 17 日 9 时），沙沱水电厂 14000m^3/s（7 月 17 日 22 时），大花水水电厂 5190m^3/s（7 月 17 日 2 时），格里桥水电厂4310m^3/s（7 月 17 日 5 时）。各区间洪峰多数出现在 7 月 16 日，各水电厂区间洪峰流量分别为：洪家渡水电厂 2770m^3/s（7 月 16 日 19 时），东风水电厂 4160m^3/s（7 月 17 日 5 时），索风营水电厂 3890m^3/s（7 月 16 日 21 时），乌江渡水电厂 4430m^3/s（7 月 16 日 20 时），构皮滩水电厂 9970m^3/s（7 月 16 日 22 时），思林水电厂 7760m^3/s（7 月 16 日 12 时），沙沱水电厂 7970m^3/s（7 月 16 日 22 时），大花水水电厂 5190m^3/s（7 月 17 日 2 时），格里桥水电厂 368m^3/s（7 月 16 日 13 时）。“20140717”洪水期间乌江梯级入库、区间流量统计见表 2.12-2。

3. 面临的主要问题

（1）大量网箱汇集近坝区，威胁防洪安全。本场洪水产流迅速、洪量大，索风营水库、思林水库、构皮滩水库上游养殖网箱大面积被冲毁，失控网箱和船只汇集至近坝区，影响机组运行和闸门的正常启闭，同时会危及水库大坝安全，情况危急。

（2）水库上下游防护对象兼顾困难。洪水调度过程中，控制思林水库出库流量可能淹没上游、放开思林水库出库流量可能思南县城告急，思南县城防汛与思林洪水调度之

表 2.12-2　　“20140717”洪水期间乌江梯级入库、区间流量统计表

<table>
<tr><td colspan="2">项目</td><td>洪家渡水电厂</td><td>东风水电厂</td><td>索风营水电厂</td><td>乌江渡水电厂</td><td>构皮滩水电厂</td><td>思林水电厂</td><td>沙沱水电厂</td><td>大花水水电厂</td><td>格里桥水电厂</td><td>合计</td></tr>
<tr><td colspan="2">入库洪峰流量/(m³/s)</td><td>2770</td><td>4160</td><td>5590</td><td>7340</td><td>16900</td><td>14700</td><td>14000</td><td>5190</td><td>4310</td><td>—</td></tr>
<tr><td colspan="2">峰现时间</td><td>7月16日19时</td><td>7月17日5时</td><td>7月18日17时</td><td>7月16日20时</td><td>7月17日1时</td><td>7月17日19时</td><td>7月17日22时</td><td>7月17日2时</td><td>7月17日5时</td><td>—</td></tr>
<tr><td colspan="2">区间洪峰流量/(m³/s)</td><td>2770</td><td>4160</td><td>3890</td><td>4430</td><td>9970</td><td>7760</td><td>7970</td><td>5190</td><td>368</td><td>—</td></tr>
<tr><td colspan="2">峰现时间</td><td>7月16日19时</td><td>7月17日5时</td><td>7月16日21时</td><td>7月16日20时</td><td>7月16日22时</td><td>7月16日12时</td><td>7月16日22时</td><td>7月17日2时</td><td>7月16日13时</td><td>—</td></tr>
<tr><td rowspan="3">入库洪量/m³</td><td>3d</td><td>5.39</td><td>5.29</td><td>6.39</td><td>9.91</td><td>19.91</td><td>17.64</td><td>23.81</td><td>4.45</td><td>4.22</td><td>—</td></tr>
<tr><td>5d</td><td>6.93</td><td>8.70</td><td>11.42</td><td>15.59</td><td>29.56</td><td>30.03</td><td>41.47</td><td>6.32</td><td>6.11</td><td>—</td></tr>
<tr><td>7d</td><td>8.06</td><td>10.42</td><td>13.74</td><td>18.54</td><td>34.09</td><td>35.24</td><td>47.99</td><td>7.08</td><td>6.86</td><td>—</td></tr>
<tr><td rowspan="3">区间洪量/m³</td><td>3d</td><td>5.39</td><td>7.89</td><td>3.37</td><td>3.57</td><td>10.32</td><td>9.42</td><td>9.08</td><td>4.45</td><td>0.15</td><td>53.64</td></tr>
<tr><td>5d</td><td>6.93</td><td>11.40</td><td>5.02</td><td>4.23</td><td>12.54</td><td>12.71</td><td>13.99</td><td>6.32</td><td>0.16</td><td>73.31</td></tr>
<tr><td>7d</td><td>8.06</td><td>13.31</td><td>5.62</td><td>4.81</td><td>13.14</td><td>13.22</td><td>15.36</td><td>7.08</td><td>0.19</td><td>80.78</td></tr>
<tr><td colspan="2">区间洪水出现概率</td><td>10年一遇</td><td>20年一遇，含三岔河</td><td>20年一遇，含猫跳河</td><td>近5年一遇</td><td>20年一遇，含清水河</td><td colspan="2" rowspan="2">考虑原区间洪水频率计算中无历史洪水加入，在考虑一定安全裕度的基础上，估算区间洪水重现期约为1000年一遇</td><td colspan="2" rowspan="2">洪峰超100年一遇，未进行区间水文分析计算，以洪峰计；100年一遇洪峰为4940m³/s</td><td>—</td></tr>
<tr><td colspan="2">相应7d洪量/m³</td><td>7.43</td><td>13.5</td><td>5.15</td><td>5.00</td><td>20.1</td><td>—</td></tr>
</table>

间矛盾突出，如不及时协调决策，上下游防洪安全均难以保证。

(3) 生产设备故障，影响洪水调度。构皮滩水库、沙沱水库、大花水水库均出现水位计故障，水库水位信息不能及时收集处理。同时，沙沱水库、大花水水库还发生机组大轴补气阀漏水，大花水水库发生洪水进入厂房、尾水闸门故障等，处理不当将直接威胁到厂房安全和生产人员生命安全，并面临机组全面停运的严重后果。

三、优化调度过程

(1) 水情会商及泄洪预警。7月14日降雨发生后，及时明确应急值班要求，组织进行水情会商、洪水预报工作，并将雨情、洪水信息报送长江委、贵州中调、南网总调、集团公司水电新能源产业部等单位，同时提前通知各水电厂，要求各水电厂检查汇报泄洪设施状态、做好闸门操作值班安排等。各水电厂迅速进入洪水调度状态，将泄洪预警信息及时通知相关地方政府。

(2) 利用梯级水库削峰调度，确保工程和防护对象安全。面对“20140717”洪水严峻的防汛形势，既要确保各水电厂水库大坝安全度汛，更要力保水电厂下游防护对象的安全度汛。

1) 明确各水库小流量预泄措施。梯级龙头洪家渡水电厂无泄洪风险，全力为下游

错峰调度，保持机组全停。在下游水电厂开闸泄洪不可避免的情况下，提前考虑小流量预泄，利用各水库自身调节，平稳下泄流量。乌江渡、思林水电厂的平稳下泄对下游防洪安全至关重要，乌江渡水电厂开闸水位756.83m，出库流量从$3000m^3/s$→$5080m^3/s$→$5900m^3/s$，最大到$6170m^3/s$；思林水电厂开闸水位436.94m，出库流量从$2820m^3/s$→$4900m^3/s$→$5990m^3/s$→$8330m^3/s$，7月17日下午每隔2小时增加$100m^3/s$，最大到$12000m^3/s$，事实证明，小流量逐步开闸对平稳下游洪水发挥了重要作用。

2）均衡分配主要水库空库容。在思南县城对思林水电厂出库流量进行限制后，考虑对乌江渡水电厂、构皮滩水电厂的空库容均衡布置，乌江渡水电厂必须预留一定空库容在关键时刻参与错峰调节。7月16日20时，乌江渡、构皮滩水电厂空库容分别为1.29亿m^3、3.6亿m^3，7月17日19时两座水库分别剩余空库容2950万m^3、3450万m^3，最后时刻两座水库同时减小出库流量，为7月17日晚上全力保思南县城水位不超过374.5m发挥了重要作用。

3）逐步试探性加大思林水电厂出库流量。7月16日下午贵州省防办要求思林水电厂出库流量必须控制在$6000m^3/s$，经过沟通后加大至$8000m^3/s$，思南县城水位略有上升，当沙沱水位降至356.00m以后，从7月17日上午开始，每隔2小时加$1000m^3/s$直到$12000m^3/s$，每10min要求思南水文站报送水位信息，最终保证思南水位最高只达到374.30m，既保证了思林水库水位不超441.00m，又保证了思南县城的安全。

4）全面控制各水库最大出库不大于最大入库。为了减少洪水对下游冲击，充分发挥梯级联合调度作用，削峰调度效果非常明显，沙沱水电厂削峰$5180m^3/s$、思林水电厂削峰$6110m^3/s$、构皮滩水电厂削峰$5160m^3/s$、乌江渡水电厂削峰$4070m^3/s$，特别是构皮滩水电厂20年一遇入库洪水经过削减后，至思林水电厂变成10年一遇洪水，再经思林水电厂削减后的思南河段洪水仅5年一遇，这充分展示了乌江梯级水库联合调度的优势，为思南县城、乌江镇和川黔铁路桥的安全度汛发挥了不可估量作用，确保了沿岸人民生命财产安全。

5）各水电厂精心操作确保洪水调度命令正确执行。在调度过程中，各单位现场的闸门操作人员严格执行洪水调度命令，认真负责，精心操作，闸门操作正确率100%。

（3）积极协调上级防汛指挥机构，确保正确执行调度指令。针对减少思林水电厂出库流量可能会淹没上游、加大思林水电厂出库流量可能导致思南县城告急的矛盾问题，乌江集控及时与贵州省防办进行沟通协调，明确要求。经过贵州省防办与思南县委、政府协商后，明确思林水库水位在441.00m以下，为思南县城不超过10年一遇防洪水位374.00m错峰，否则思林水电厂按照来流量下泄。按照要求，思林水电厂出库流量分三次增加至$12000m^3/s$，每10min要求思南水文站报送水位信息。最终通过调整上游乌江渡、构皮滩闸门减少思林入库流量，在不增加思林出库流量的基础上，思林水位最高涨至440.43m，思南水文站水位最高达到374.30m，在保证思南县城安全的同时，思林水库水位得到有效控制。

（4）政企联动，加强洪水期间应急处置。面对网箱及失控船只进入近坝库区、生产设备故障等紧急情况，及时与当地政府沟通协调，联合应急处置。在调度方式上，一是协调黔源公司关闭上游普定和引子渡水库闸门，同时协调红枫发电厂尽量延迟猫跳河六级水电厂开闸时间；二是紧急调停机组，关闭泄洪闸门，减小网箱的移动速度和下游水位。一系列紧急调度措施为配合各水库入库网箱清理、大花水水库尾水闸门应急处置工作争取到了宝贵时间。

（5）汛限水位动态控制和发电方式优化协调，减小防洪压力。在保证水库大坝防洪安全的前提下，经长江委和贵州省防办同意，通过动态控制构皮滩水库、思林水库、沙沱水库汛限水位，为下游拦蓄；同时，通过开展协调调度调整外送计划和调停火电机组、紧急停止电网设备检修、倒换运行方式、推迟设备消缺改造等工作，有效地减小了下游防洪压力，同时也减少了乌江梯级水电机组弃水损失。

四、优化调度成效

通过与调度机构、地方政府的密切配合，明确防洪优化调度措施，有效应急处置，实现了洪水资源最大化利用目标，防洪安全效益和经济效益成效显著。

1. 洪水资源化利用效益

在“20140717”洪水调度工作中，通过加强调度过程控制和拦蓄洪尾管理，在确保洪水调度安全的同时将各水库拦蓄至高水位，梯级蓄能提升显著。

通过汛限水位动态控制和发电方式优化协调，共增发电量 8.56 亿 kW·h；通过协调，对电网主设备采取临时措施，推迟设备消缺改造，避免电量损失 1.81 亿 kW·h。

2. 防洪安全效益

通过充分发挥梯级联合调度作用，有效地避免了失控网箱、船只冲击大坝的险情以及个别水电厂水淹厂房的险情，同时为下游防护对象削减洪峰，间接地提高了下游防护对象防洪标准，确保了水电厂大坝及上下游人民群众的生命财产安全。

五、本案例其他有关情况

本案例适用于流域梯级统一调度的水库群，且龙头水库与关键水库具有较好的调节能力，通过发挥其调节作用，能为下游水电厂拦洪错峰，减小下游防洪压力。

本案例的一系列优化调度措施为流域梯级水电厂遭遇较大洪水时提供了梯级联合洪水调度思路，为各类险情应急处置提供了经验，为与地方政府、调度机构间建立沟通协调机制提供了借鉴，同时，将洪水期间水库汛限水位动态控制规则实例化，对于梯级联合洪水优化调度工作具有较强的推广价值。

案例十三　溪洛渡—向家坝水电厂梯级水库联合航运优化调度

一、实施时间

2017 年 8 月 24—25 日。

二、实施背景

溪洛渡水电厂位于四川省雷波县和云南省永善县境内的金沙江干流上，下与向家坝水库相连，是一座以发电为主，兼有防洪、拦沙和改善下游航运条件等综合利用效益的巨型水电厂。溪洛渡水库正常蓄水位为600.00m，死水位为540m，汛限水位为560m，总库容为129.1亿m^3，调节库容为64.6亿m^3，防洪库容为46.5亿m^3，具有季调节能力。溪洛渡左、右岸电站分别供电国家电网和南方电网，其中左岸电站安装6台77万kW的哈电机组和3台77万kW的福伊特机组，右岸电站安装9台77万kW的东电机组。左、右岸电站独立运行，中间没有电气连接。

向家坝水电厂位于金沙江下游峡谷出口的川滇交界河段，地处云贵高原向四川盆地的过渡地带，是金沙江最下游的一级电站，工程设计开发任务以发电为主，同时改善通航条件，兼顾防洪、灌溉，并具有拦沙和对溪洛渡水电厂进行反调节等作用。水库正常蓄水位为380.00m，死水位和防洪限制水位均为370.00m，总库容为51.63亿m^3，调节库容和防洪库容均为9.03亿m^3，具有季调节能力。

溪洛渡—向家坝梯级水库联合对下游防洪对象进行正常防洪运用时，防洪调度主要控制两水库总的防洪库容，不考虑单库的防洪运用，控泄调度以向家坝水电厂出库流量作为梯级水电厂总控制指标。

三、优化调度过程

1. 优化调度背景

向家坝水电厂下游最大通航流量为12000m^3/s，下游水位最大日变幅按不超过4.5m/d控制，为保证下游航运安全，实际调度对下游水位变幅的控制更位严格。

横江在向家坝水电厂坝址下游约3.5km处汇入金沙江右岸，由于距离向家坝水电厂坝址下游较近，在横江发生较大洪水时会对上游的向家坝下游尾水位产生顶托影响。

2017年8月22—25日，受台风外围暖湿气流、台风倒槽影响，上游流域普降中到大雨，其中金沙江下游北部、溪洛渡—向家坝水电厂区间、横江流域区间出现暴雨到大暴雨。其间，溪洛渡—向家坝水电厂区间过程面雨量达119.2mm，横江流域过程面雨量达114.9mm，8月22—25日金沙江下游流域日面雨量统计见表2.13-1。在这次过程中，溪洛渡25日入库流量从7000m^3/s涨到9000m^3/s，溪洛渡—向家坝水电厂区间洪峰流量4430m^3/s（25日12时），横江洪峰流量6950m^3/s（25日12时），区间洪水和横江流域洪水恶劣遭遇，给溪洛渡—向家坝梯级水库调度运行造成较大困难。

表2.13-1　8月22—25日金沙江下游流域日面雨量统计

日　期	溪洛渡—向家坝水电厂区间	横江流域区间
2017-8-22	27.5	16.2
2017-8-23	18.3	26
2017-8-24	54.5	60
2017-8-25	19.0	12.7

2. 联合优化调度的必要性

(1) 受溪洛渡—向家坝水电厂区间暴雨影响，两坝间流量陡涨，从约 400m³/s（8月23日至8月24日夜间）涨至最高 4430m³/s（8月25日12时），向家坝水电厂入库流量迅速增加，航运压力增大。

(2) 横江流域横江站流量从约 208m³/s（8月24日4时）陡涨至最高6950m³/s（25日12时），对向家坝水电厂下游水位形成超过 4m 的顶托，为尽量减小向家坝水电厂下游水位变幅，避免下游停航，迫切需要开展溪洛渡—向家坝梯级水电厂联合航运的优化调度，2017年8月24—25日横江顶托情况过程如图 2.13-1 所示。

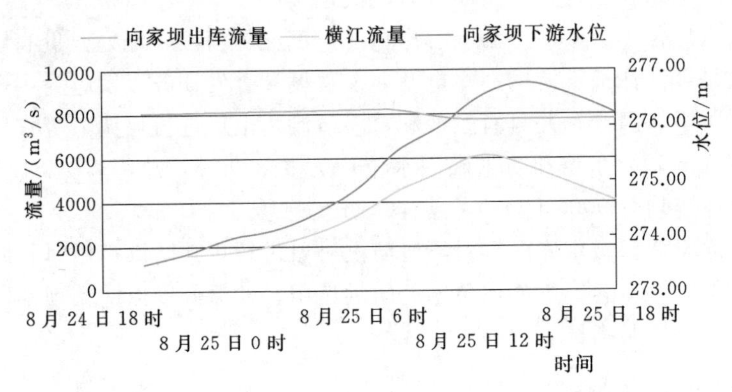

图 2.13-1 2017年8月24—25日横江顶托情况过程图

3. 优化调度实施过程

溪洛渡—向家坝水电厂区间以及向家坝水电厂下游横江流域流量迅速上涨，若向家坝水电厂维持出入库平衡调度增加出库将极大增加下游航运压力，造成停航。为避免下游航运损失，溪洛渡—向家坝梯级水电厂开展联合航运优化调度。

(1) 8月23日8时，短期气象预报溪洛渡—向家坝水电厂区间和横江流域8月23夜间至8月25日夜间将出现中到大雨。

(2) 综合考虑实况水雨情和未来降雨情况，8月24日2时溪洛渡水库开始增加泄流量，降低水库水位，水库水位从 580.60m 下降到8月25日2时的 579.29m，为8月25日航运调度预留出库容，同时抬升向家坝水库水位保证8月24日向家坝水电厂满发。

(3) 8月24日8时，短期气象预报溪洛渡—向家坝水电厂区间和横江流域8月24日至8月25日夜间将出现大暴雨。

(4) 8月25日3时，为减小向家坝水电厂的入库洪水，溪洛渡水电厂开始减小出库抬升水位。

(5) 8月24日8时起，横江涨水对向家坝水电厂下游水位产生顶托，到8月25日8时向家坝水电厂基本维持出库流量 8100m³/s 不变，水库蓄洪。

(6) 8月25日9时，横江洪水流量大于 5000m³/s 时，向家坝水电厂减少 300m³/s 下泄流量，尽量减小下游水位涨幅。

(7) 8 月 25 日 20 时，横江快速退水过程中，向家坝水电厂下游被顶托水位快速下退，向家坝水电厂开始逐步增加出库，尽量减小下游水位退幅，同时逐步降低水库水位以抵御下一轮洪水。

四、优化调度成效

(1) 8 月 25 日溪洛渡水库拦蓄，拦洪 0.74 亿 m^3，有效减小向家坝水库入库洪量。

(2) 向家坝水库水位从 8 月 24 日 8 时的 372.55m 开始上涨，8 月 25 日 23 时最高涨至 375.52m，拦洪 2.65 亿 m^3。

(3) 向家坝水电厂下游水位从 8 月 24 日 8 时的 272.82m 开始上涨，8 月 25 日 13 时最高涨至 276.78m。8 月 24 日、8 月 25 日向家坝水电厂下游水位 24 小时变幅分别为 1.23m、2.84m，成功将向家坝下游水位 24 小时变幅控制在 3m 以内，保障了航运安全。

(4) 通过溪洛渡—向家坝水电厂梯级拦蓄，向家坝水电厂最大出库流量未超过 12000m^3/s，避免了向家坝水电厂下游停航。

(5) 8 月 26 日 10 时溪洛渡水电厂、向家坝水电厂恢复正常调度。

五、本案例其他有关情况

本案例适用于洪峰高且洪量不大的区间洪水与下游洪水恶劣遭遇情况下的梯级水库借鉴运用。

第三章 跨流域水电优化调度

跨流域水电优化调度是指根据各流域来水丰枯差异及水库群调节特性，在满足电网、电厂、水库综合利用等运行约束条件下，优化各水电厂发电安排，最大限度减少弃水，实现各流域整体发电效益最大化。

案例一 南方电网大范围跨流域水电联合优化调度

一、实施时间

2018 年 7 月 1 日—8 月 31 日。

二、实施背景

南方电网区域内水能蕴藏量十分丰富，总量达 1.5 亿 kW，约占全国的 22%，主要集中在云南、贵州、广西三个省（自治区），分布在红水河、乌江、澜沧江、金沙江、怒江等主要流域。截至 2018 年 6 月底，红水河、乌江、澜沧江、金沙江四大流域已投产装机容量 70861MW，约占全网水电总装机容量的 70%。其中，红水河梯级 18861MW、乌江梯级 9545MW、澜沧江梯级 19820MW、金沙江梯级 22635MW。各流域情况如下：

红水河流域是珠江流域西江水系的中上游河段，上游称南盘江，流经黔、桂边界的贵州省望谟县蔗香与北盘江汇合后称红水河。红水河在天峨县境进入广西壮族自治区，自西北向东横贯广西中部。红水河流域上水电厂有 29 座（含南北盘江），其中，光照水电厂、天一水电厂、龙滩水电厂为年调节水电厂。

乌江流域为长江上游右岸支流，发源于贵州省境内威宁县香炉山花鱼洞，自西向东贯穿贵州全省，流经黔北及渝东南酉阳彭水，在重庆涪陵注入长江，是典型的山区河流。乌江流域上的水电厂有 20 座，其中，洪家渡水电厂为多年调节水电厂，构皮滩水电厂为年调节水电厂。

澜沧江发源于青海省唐古拉山，流经青海、西藏和云南，在云南省西双版纳傣族自治州勐腊县出境成为老挝和缅甸的界河，后始称湄公河。澜沧江干流已投产水电厂 11 座，其中，小湾水电厂为年调节水电厂，糯扎渡水电厂为多年调节水电厂。

金沙江流域地处青藏高原、云贵高原和四川盆地西部边缘，流经青藏高原区、横断山纵谷区、云贵高原区，流域自然地理差异较大，地形北高南低。金沙江云南境内水电厂有 7 座（金沙江中游梯级 6 座水电厂和溪洛渡水电厂），金沙江梯级普遍调节能力较差。

2018 年 6 月南方各流域全面入汛，年中分析在预测来水情况下，预计云南汛期存在超过 200 亿 kW·h 的富余水电电量，广西存在阶段性调峰弃水风险，水电消纳压力很大。由于南方电网全网来水 70%以上集中在汛期，汛期来水存在很大不确定性，来水变化 1 成，对应全网水电发能力将变化 200 亿 kW·h，给水电调度带来很大难度。

三、优化调度过程

2018 年 7—8 月天气水情变化异常，尤其 7 月由于副热带高压明显北抬西伸（北抬时间较常年偏早，常年为 7 月下旬），阻挡了冷空气南下及西南季风的水汽输送，导致贵州、广西降水大幅偏少 2～5 成，乌江、红水河流域来水较多年平均异常偏枯 3～5 成，主要流域蓄能偏低。同时，云南西北部降雨偏多 1～2 成，澜沧江、金沙江流域来水较多年平均正常略偏丰，云南水电消纳压力剧增。2018 年 7—8 月四大流域来水情况见表 3.1-1。

表 3.1-1　2018 年 7—8 月四大流域来水情况

流域	7月		8月	
	实际来水流量/(m^3/s)	与多年平均相比/%	实际来水流量/(m^3/s)	与多年平均相比/%
红水河	2718	−35%	3710	−5%
乌江	967	−54%	712	−50%
澜沧江	3432	0%	4146	0%
金沙江	3872	30%	3723	14%

天气形势的异常变化增加了各流域来水预测难度和水电调度难度，为科学预判分析各流域来水情况，实施跨流域梯级水电厂群联合优化调度，南网总调组织各中调、流域集控（水电厂）加强与气象部门沟通会商，及时掌握天气最新情况和发展态势，精心制定应对策略，跨省跨流域水电协调优化调度，科学调整各流域发电安排。

统筹协调优化，实施南方电网大范围跨流域水电梯级联合优化调度。密切跟踪天气变化，滚动做好预测分析，结合各流域实际来水差异情况，以全网水电弃水电量最小为目标，科学调整各流域的发电安排，在红水河、乌江流域上主要水电厂弃水风险可控的前提下，安排贵州、广西的各流域水电减发保水，尽量增加云南水电消纳空间，安排云南水电多发多送，最大限度减少弃水。主要优化措施如下：

（1）适时调减红水河流域龙滩水电厂发电，增加云南水电消纳空间。7—8 月龙滩水电厂入库流量比多年平均偏枯 4 成，且水库水位偏低，弃水风险可控。滚动优化水电安排，动态调减龙滩水电厂及下游梯级水电厂发电，龙滩水电厂水位回蓄近 12m，增加了红水河梯级蓄能 58 亿 kW·h，既增加 7—8 月广东、广西消纳云南水电的空间，也为 2018 年冬和 2019 年春电力供应奠定了基础。2018 年红水河流域龙滩水电厂水库水位情况如图 3.1-1 所示。

（2）优化安排贵州各流域水电保水运行，加大云贵水火置换力度。针对 7—8 月乌江流域异常偏枯 5 成、乌江蓄能同比大幅偏低 30 亿～40 亿 kW·h 的情况，研判后期

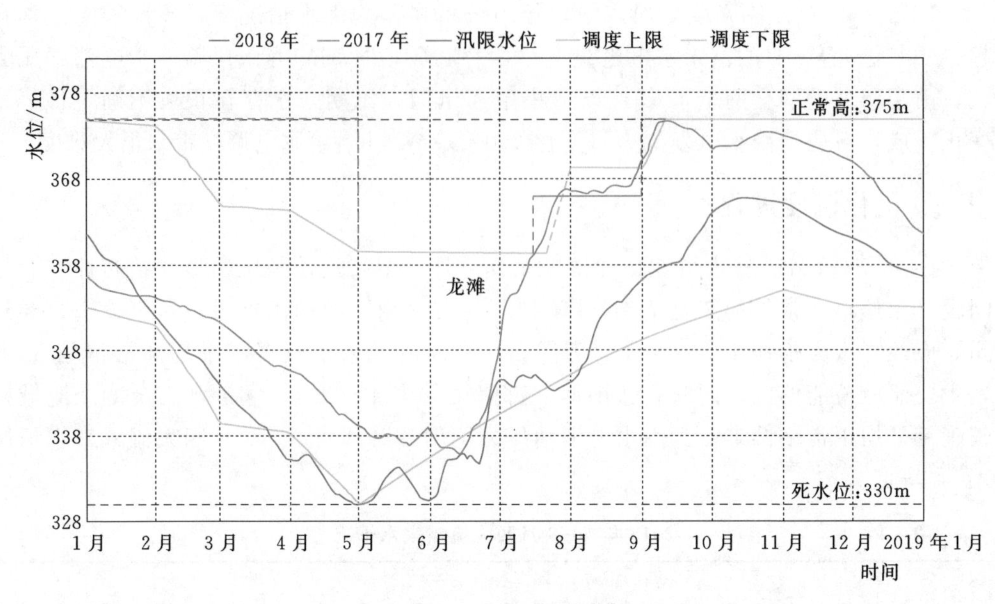

图 3.1-1 2018 年红水河流域龙滩水电厂水库水位情况

来水和存煤形势，安排乌江、北盘江流域梯级大幅减发保水运行，同时协调加大云贵水火置换力度（置换电量约 44 亿 kW·h），相应多消纳云南水电。

（3）全力安排云南各流域水电发电，最大限度消纳富余水电。7—8 月金沙江流域来水持续在金沙江梯级各水电厂满发流量以上，全力安排金沙江梯级等径流水电厂多发，最大限度地减少水电弃水，实际弃水电量比年初预计减少 63.3%。同时发挥澜沧江小湾、糯扎渡水电厂水库调蓄作用，合理控制水库水位涨幅，小湾水电厂蓄满弃水时间推迟 1 个月，成功避免了糯扎渡水电厂弃水。2018 年澜沧江流域小湾水电厂水库水位情况如图 3.1-2 所示，2018 年澜沧江流域糯扎渡水电厂水库水位情况如图 3.1-3 所示。

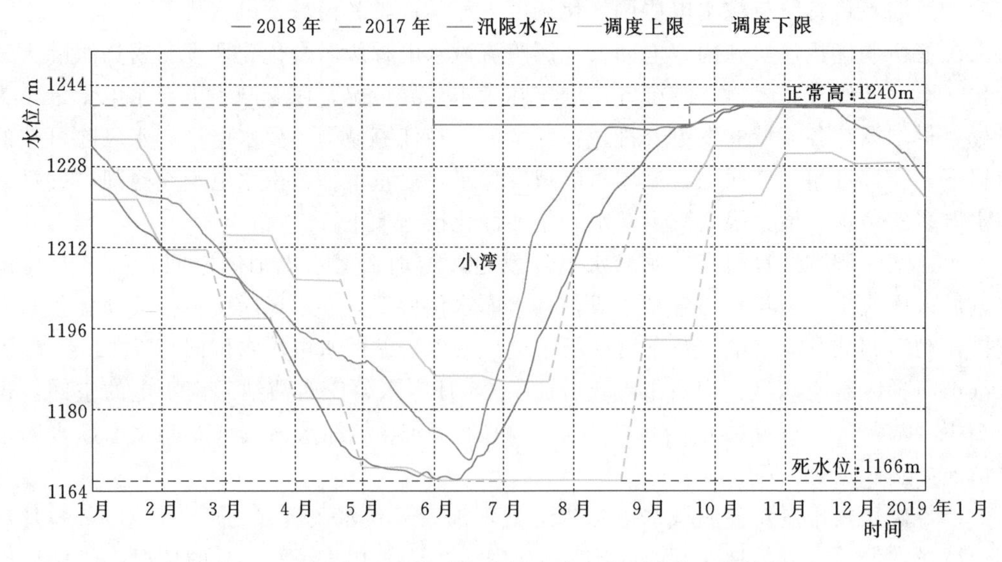

图 3.1-2 2018 年澜沧江流域小湾水电厂水库水位情况

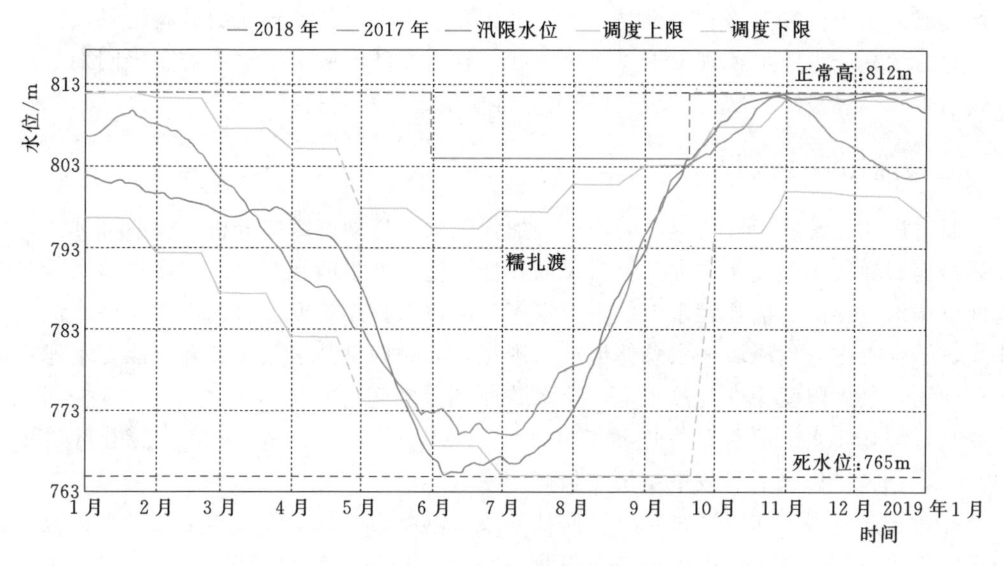

图 3.1-3 2018 年澜沧江流域糯扎渡水电厂水库水位情况

四、优化调度成效

2018 年 7—8 月，面对天气来水的异常变化形势，南网总调会同各中调以及各流域集控（水电厂）实施精益化水电调度，根据红水河、乌江流域来水偏枯，澜沧江、金沙江流域来水正常偏丰的情况，滚动开展南方电网大范围跨流域水电梯级联合优化调度，在保证红水河、乌江主要水电厂弃水风险可控的前提下，减发蓄水提高汛末蓄能，增加云南水电消纳空间，最大限度地减少云南水电弃水。7—8 月全网弃水电量较年初预计减少 118 亿 kW·h，为促进清洁能源消纳作出积极贡献。

案例二 云南电网跨流域水电联合优化调度

一、实施时间

2019 年年初至 2020 年 7 月。

二、实施背景

2019 年汛前云南电网主力水库消落压力巨大：一方面云南电网水电蓄能较 2018 年同期同比增加 81 亿 kW·h，其中澜沧江流域水电蓄能较 2018 年同期增加 71 亿 kW·h；另一方面，2018 年冬季，青藏高原积雪是 1975 年以来第二多的年份，进入 4 月中下旬以来，青藏高原地区气温偏高，高原积雪融化导致澜沧江、金沙江流域（以下简称“两江流域”）来水陡涨，两江流域来水偏好态势一直持续到 5 月中旬，进一步加剧了汛前主力水库拉水腾库的难度。

2019 年 5 月起，云南省内元江流域来水持续处于偏枯态势：2019 年 4 月云南省内平均气温为历史同期第2高，省内17个气象站月平均气温突破同期最高纪录，自4月中旬起持续高温少降水致气象干旱快速发展，省内元江流域来水出现较多年同期平均水平偏枯1～7成的极端异常情况，且来水异常偏枯态势一直持续。

三、优化调度过程

面对极端异常的天气情况，云南中调加强气象信息动态跟踪分析，提前部署，积极开展跨流域梯级水电优化调度，及时采取各种措施保障汛前主力水库有序消落；及时向南网总调汇报小湾、糯扎渡水电厂主力水库汛前拉水腾库难度，协调优化普侨直流送电曲线，结合省内其他流域来水总体偏枯的现状，适时调整其他流域有调节能力水库水电运行计划，最大限度为糯扎渡水电厂拉水腾库创造空间。2019年3月1日0时—6月9日0时，糯扎渡水电厂百日发电量突破100亿kW·h，累计93天单日发电量超1亿kW·h，创投产以来百日发电量历史最高纪录。

针对云南省内元江流域来水持续偏枯导致水电能力大幅下降、无法为电力供应提供稳定电力支撑的难题，云南中调持续开展跨流域梯级水电优化调度。自2019年汛前枯期开始，持续重点关注元江流域水电蓄能变化情况，在保障其他行业用水要求的基础上，安排有调节能力水电仅在负荷高峰时段顶峰发电，用以提供高峰电力供应，其他径流式水电基本按来水发电，尽量利用以两江流域为主的其他流域水电发电能力及其他能源为省内电力需求及西电东送平稳有序提供电量保障。此措施在确保元江流域水电为系统提供最紧缺的高峰电力供应能力的基础上，尽最大可能地保障水库水位处于合理范围之内，为后期电力供应做好储水保供准备。2018年至2020年7月元江流域水电逐月发电能力如图3.2-1所示。

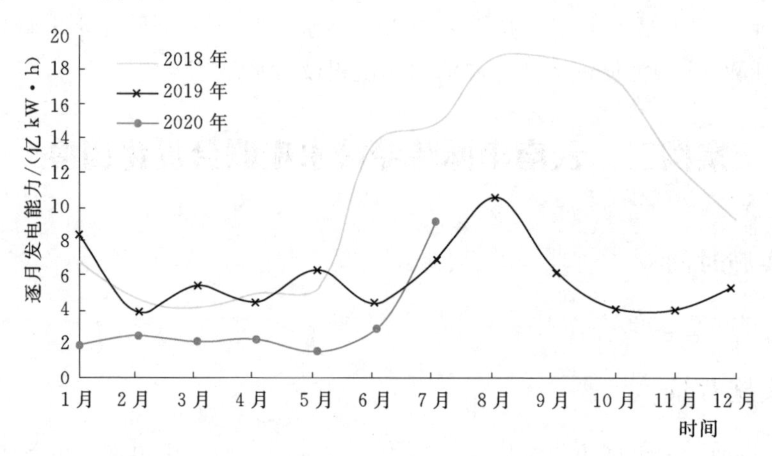

图3.2-1 2018年至2020年7月元江流域水电逐月发电能力示意图

四、优化调度成效

截至2019年6月6日0时，小湾、糯扎渡水电厂等主力水库群水位已消落至汛前目标水位，为最大限度减少汛期弃水创造条件。针对2019年5月起省内元江流域来水持续处于偏枯态势，经过2019年6月至2020年6月一整年内的持续跨流域水电优化调度，元江流域蓄水保供工作成效显著，由元江流域水电逐月发电能力可以明显看到，2019年1—5月水电发电能力较2018年同期基本持平，而从2019年6月开始一直到2020年6月，水电发电能力一直处于较低水平，直至2020年7月，水电发电能力终于高于同期水平。

案例三　汛前消落期间贵州电网跨流域水电优化调度

一、实施时间

2020年4月28日—5月31日。

二、实施背景

贵州水电主要分布在乌江流域、北盘江流域及牛栏江流域，直调水电厂共28座，总装机容量达13206.6MW。其中，乌江流域上的水电厂18座，梯级水电厂群呈串、并联结合方式，自西向东贯穿全省，装机容量为9545MW；北盘江流域上的水电厂共7座，梯级水电厂群呈串联方式，分布在贵州省的西南部，装机容量为3203.5MW；牛栏江流域上的水电厂共3座，梯级水电厂群呈串联方式，分布在贵州省的西部边缘（与云南省交界处），装机容量为453.9MW。

汛前各主要水库水位消落是全年水电优化调度运行的关键任务之一，在水位消落过程中既要兼顾各梯级发输变电设备检修、水工建筑物消缺等工作的顺利开展，又要动态跟踪流域来水，合理安排梯级水电运行方式，保证电力电量供应，实现汛前各水库水位有序消落到位，为汛期利用季节性水能资源打下坚实的基础。

2020年年初蓄能值为86.88亿kW·h，处于历史第二高位，根据气象分析评估，2020年贵州全省降水总体正常略多，为尽量降低汛期弃水风险，须在主汛期开始前，将各主要水库水位消落到位，贵州电网水电蓄能值降低至23亿～25亿kW·h。至2020年4月27日，贵州中调通过统筹协调各项工作，克服年初蓄能偏高、流域来水偏丰、发输变电设备检修任务重以及光照水电厂尾水清渣、东风水电厂尾水修复处理、构皮滩水电厂泄洪洞设施清渣、思林水电厂消力池缺陷处理等重要水工建筑物消缺工作多影响大等困难，兼顾流域综合、生态用水需求，积极协调西电，优化火电开机方式，动态调整梯级水电运行方式，在保证贵州省内外电力供需平衡的同时，将全网水电蓄能值消落至29.81亿kW·h。

受“新冠”疫情影响，原计划2020年3月开展的500kV光换线停电配合GIS设备预试及保护更换（工期10天）、500kV董八线停电配合电厂刀闸处缺（工期12天）等两项工作被迫推迟，为了避免光照水电厂、董箐水电厂汛期因设备缺陷而发电受阻，须在5月底前完成上述计划停电工作，但是由于光照水电厂、董箐水电厂为北盘江梯级的第5级、第7级水电厂，水电厂送出线路停电期间，不仅会造成本级水电厂机组全停、水位上涨，还会影响到梯级其他水电厂发电及水位消落，给全网水电汛前消落带来重大影响。

三、优化调度过程

（1）深入分析乌江、北盘江及牛栏江气候特征，确定各流域汛前水位消落时间节点。乌江流域除高程2000m以上的西部河源地区属暖温带气候外，大部分地区属中亚热带季风气候，冬季受西伯利亚冷空气的影响，夏季受印度洋孟加拉湾的西南暖湿气流和西太平洋的海洋性气候影响，具有明显的季节性，4—10月降雨量占全年的85.1%，5—9月无论暴雨日数或暴雨量均占全年70%左右，6月上旬至7月中旬多出面积广、强度大的暴雨；北盘江流域属亚热带高原季风气候区，冬季主要受西风北支急流影响，夏季主要受太平洋副热带高压控制和印度洋孟加拉湾的西南暖湿气流影响，随海拔的递降，其气候由西北区高寒少雨区向东南坝址附近区域的高温多雨区过渡，5—9月降雨量约占全年的78%，流域内暴雨以6月、7月为最多；牛栏江流域除上游部分地区属北亚热带季风气候外，绝大部分地区属温带高原季风气候，6—11月降雨量约占全年的80%，流域内暴雨以7月、8月为最多。由于乌江流域暴雨集中期较北盘江、牛栏江流域偏早约1个月，经深入分析研究，在确保全网蓄能整体消落目标完成的情况下，实施跨流域优化调度，确定乌江、牛栏江、北盘江流域梯级分别于2020年5月上旬末、5月下旬中期、5月底分阶段完成消落目标。2020年4月28日—5月31日流域降雨及蓄能变化情况如图3.3-1所示，2020年4月28日—5月31日各流域发电量变化情况如图3.3-2所示。

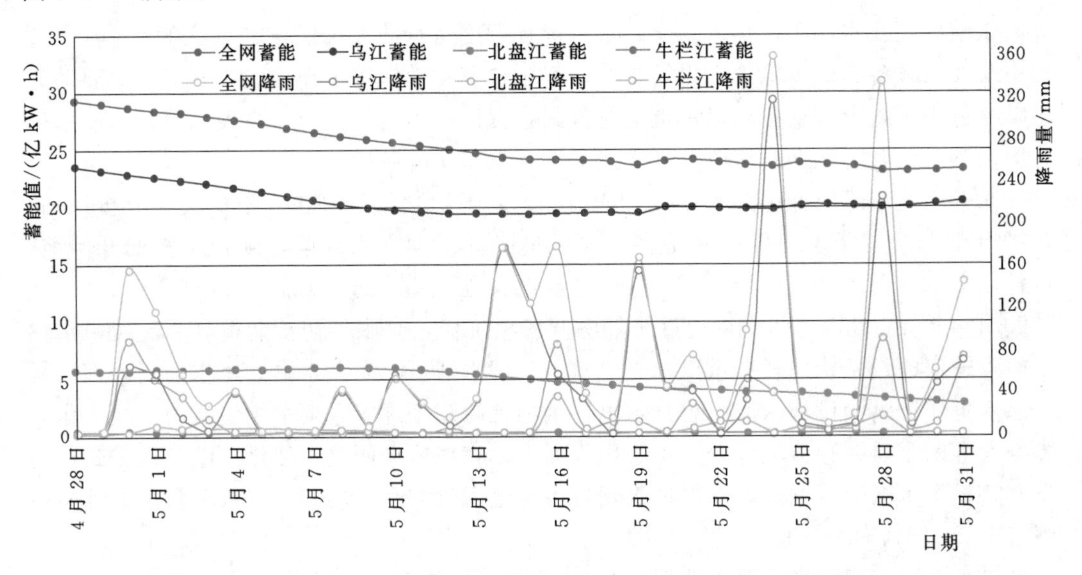

图3.3-1　2020年4月28日—5月31日流域降雨及蓄能变化情况

（2）密切关注贵州全省天气及负荷变化趋势，优化线路停电工作安排，尽量减小对水电汛前消落的影响。经多次与贵州省气象部门会商，预测2020年4月下旬至5月上旬全省温度偏高、降雨量总体偏少；同时，因温度升高取暖负荷迅速减少，省内负荷将有所下降，且电煤供应充足，水电顶峰压力降低。通过分析计算，北盘江流域具备线路停电工作条件，考虑跨流域优化调度及梯级上下游配合，尽量较少单个水电厂停电工作

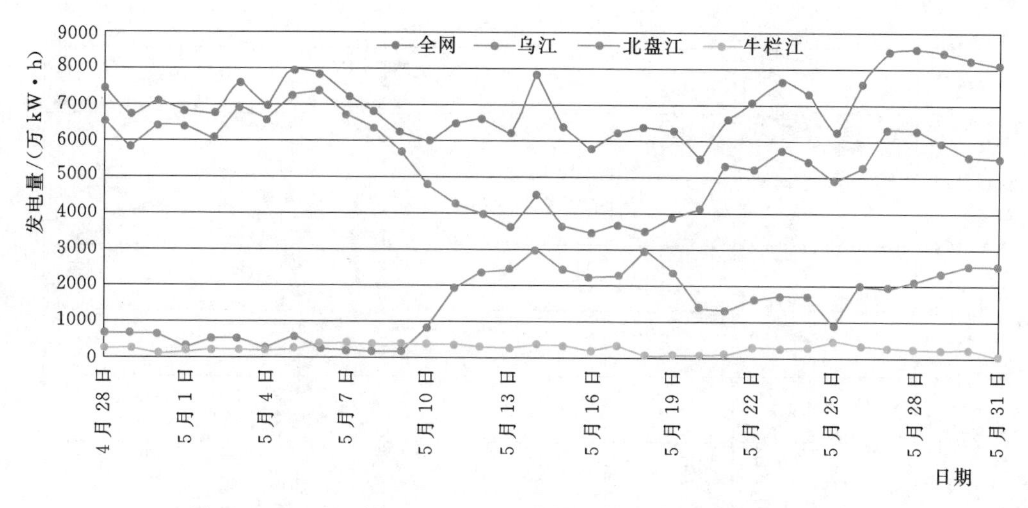

图 3.3-2 2020 年 4 月 28 日—5 月 31 日各流域发电量变化情况

对梯级水位消落的影响，贵州中调协同南网总调及有关各方将 500kV 光换线停电工作调整为 4 月 28 日—5 月 7 日，将 500kV 董八线停电工作调整为 4 月 28 日—5 月 9 日。

（3）兼顾线路停电工作安排，实施跨流域优化调度，确保全网水电蓄能整体消落。4 月 28 日—5 月 9 日，北盘江流域梯级在确保光换线及董八线计划停电工作顺利开展的前提下，尽量控制梯级蓄能上涨速度；乌江流域梯级水电厂加大发电出力，在保证贵州省电力电量平衡的同时确保全网水电蓄能稳步消落；牛栏江流域梯级以顶峰备用为主均匀消落各水库水位。截至 5 月 9 日，全网水电蓄能值下降至 25.97 亿 kW·h，较 4 月 27 日下降 3.84 亿 kW·h，其中乌江流域梯级蓄能值降低 4.01 亿 kW·h，降低幅度为 17%，牛栏江流域梯级蓄能值降低 0.08 亿 kW·h，降低幅度为 30%，北盘江流域梯级蓄能值上涨 0.08 亿 kW·h，上涨幅度为 1%。

（4）精细化预测流域来水情况，跨流域动态优化水电运行方式，确保各流域主力水库水位完成消落目标。2020 年 5 月上旬末，乌江流域梯级洪家渡、东风、乌江渡、构皮滩等主要水库水位完成消落目标，北盘江流域受线路计划停电工作影响，光照水电厂水位较消落目标值偏高 12m，牛栏江流域象鼻岭水电厂较消落目标值偏高 7m。5 月中旬、下旬，乌江流域维持梯级整体蓄能值不变，优化调整各水库水位应对 4 次较强降雨过程，北盘江、牛栏江流域继续消落水位，5 月 25 日，牛栏江各水库水位完成消落目标，其中象鼻岭水电厂消落至目标水位 1385.00m，5 月 31 日，北盘江各水库水位完成消落目标，其中光照水电厂水位消落至 700.00m。2020 年 4 月 28 日—5 月 31 日乌江流域洪家渡水电厂水位消落情况如图 3.3-3 所示，2020 年 4 月 28 日—5 月 31 日北盘江流域光照水电厂水位消落情况如图 3.3-4 所示，2020 年 4 月 28 日—5 月 31 日牛栏江流域象鼻岭水电厂水位消落情况如图 3.3-5 所示。

四、优化调度成效

在汛前消落时间紧、任务重以及设备检修工期、影响大的情况下，深入研究流域气候特征，密切跟踪天气变化形势，实施跨流域优化调度，统筹优化检修工作安排，优化

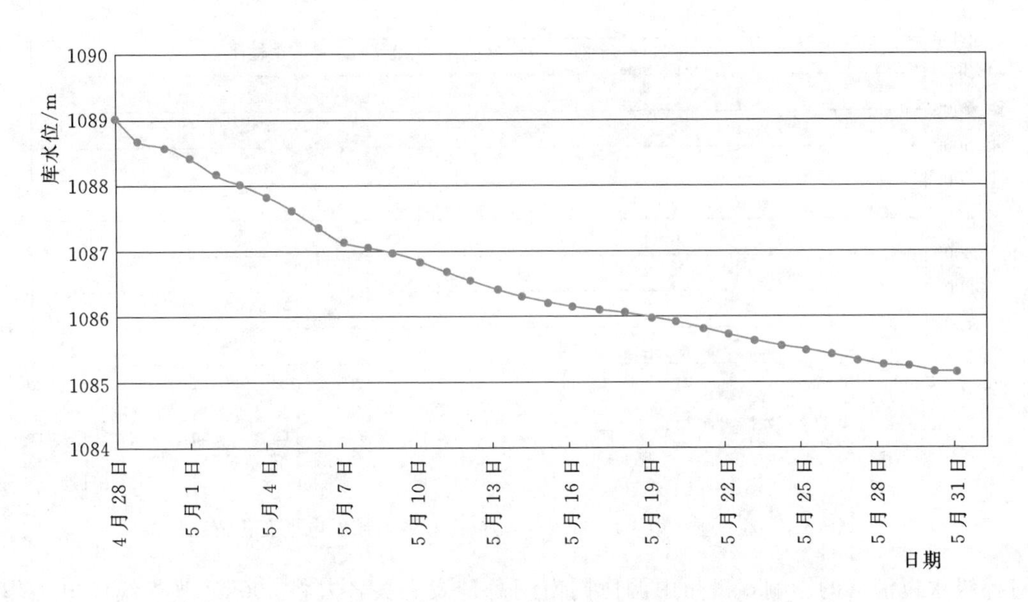

图 3.3-3 2020 年 4 月 28 日—5 月 31 日乌江流域洪家渡水电厂水位消落情况

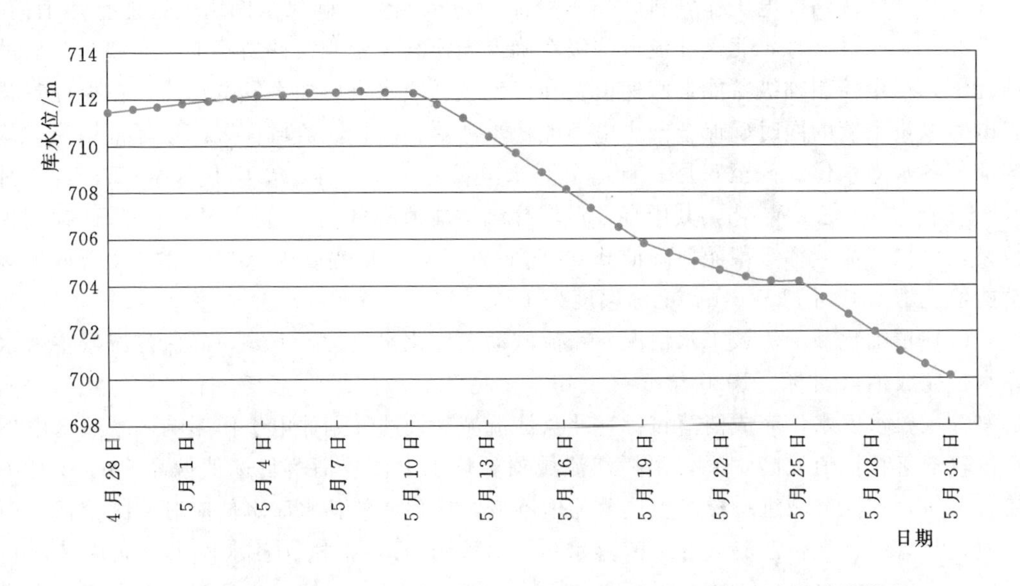

图 3.3-4 2020 年 4 月 28 日—5 月 31 日北盘江流域光照水电厂水位消落情况

各流域水位消落策略，不仅保证了检修工作顺利完成、保障了电力电量供应，而且圆满完成了全网各流域梯级水库汛前消落任务，为汛期利用季节性水能资源创造了良好条件。

五、本案例其他有关情况

该类跨流域优化调度适用于各流域梯级具备至少一个季调节性能及以上的主力水库，且主力水库能利用可调库容对入库流量进行再调节。

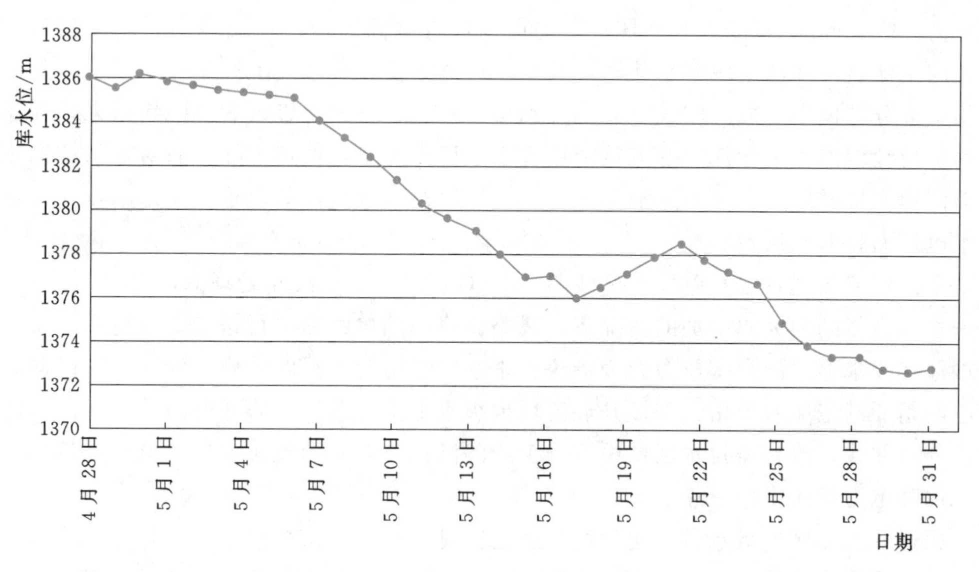

图 3.3-5　2020 年 4 月 28 日—5 月 31 日牛栏江流域象鼻岭水电厂水位消落情况

案例四　汛前线路检修期间云南电网跨流域水电优化调度

一、实施时间

2019 年 5 月 9—24 日。

第一阶段：5 月 9—11 日提前拉水腾库，为线路检修做准备工作。

第二阶段：5 月 12—16 日开展 500kV 观永甲线检修工作。

第三阶段：5 月 17—19 日再次为后期线路检修做准备工作。

第四阶段：5 月 20—24 日开展 500kV 观永乙线检修工作。

二、实施背景

云南省内主要有金沙江中游流域、澜沧江流域、元江流域、珠江流域干流西江干流河段南盘江、怒江流域、伊洛瓦底江流域。截至 2019 年 5 月初，纳入省调电力电量平衡水电中，金沙江中游流域及澜沧江流域水电装机容量占比高达 83%左右；具有年及以上调节性能水电（含上游具有龙头水库的梯级水电群）的占比不到 33%，特别是金沙江干流梯级水电厂群水电调节性能较差，汛枯发电能力比例为 7：3，近两年其 6—10 月累计弃水电量占全网弃水电量的比重高达 50%以上。无论是线路检修期间还是正常运行方式下跨流域水电优化调度对全网清洁能源消纳都具有重要意义。

三、优化调度过程

2019 年年初，云南澜沧江流域小湾、糯扎渡水电厂水库水位较 2018 年同期分别高出近 14.00m、8.00m，全网一次能源储能情况明显好于 2018 年同期水平，汛前水库消落压力巨大。同时，2019 年 4 月中下旬以来，青藏高原地区气温偏高，高原积雪融化导致澜沧江、金沙江流域来水陡涨，其中 4 月澜沧江、金沙江上游流域来水较多年同期平均水平分别偏丰三成、四成，同比分别偏丰七成、三成；进入 5 月中旬以来两江流域来水仍持续增加，金沙江中游流域梯级各水电厂水库水位快速上涨。面对年初全网水电蓄能同比大幅增加、汛前水库消落压力巨大，以及来水陡涨的双重因素影响，金沙江梯级水电厂面临弃水风险。

金沙江流域观音岩水电厂送出线路 500kV 观永甲、乙线需处理 GIS 出线气室微水，在来水较多年同期大幅增加的情况下，线路检修期间单线路运行送出受限将进一步加剧金沙江梯级水电厂的弃水压力。为避免在来水较多情况下线路检修导致的弃水问题，云南电网精心制定应对策略：积极开展流域梯级水电优化调度；协调南网总调及时调整各直流外送曲线，改善需拉水区域电厂送出线路潮流分布；跨流域安排水电厂高峰顶峰发电，保障电力供应平稳有序。

积极开展流域梯级水电优化调度，提前安排金沙江中游梯级水库群拉水。为避免线路检修导致弃水，结合 500kV 观永甲、乙线检修期间观音岩水电厂出力控制要求及下游综合用水需要，2019 年 5 月 9—11 日滚动优化金沙江中游梯级水电厂发电运行安排，有序控制金沙江中游流域梯级水库群水库水位，其间金沙江中游流域梯级水库群共消落蓄能 1.33 亿 kW·h，金沙江梯级水电蓄能情况见表 3.4-1，其中，观音岩水电厂消落水位 6.92m，观音岩水电厂水位及发电量如图 3.4-1 所示。在保证电网安全稳定运行的同时，兼顾了清洁能源消纳。

表 3.4-1 金沙江梯级水电蓄能情况表 单位：亿 kW·h

金沙江梯级蓄能合计	5月9日	5月10日	5月11日	5月12日	5月13日	5月14日	5月15日	5月16日
	9.87	9.55	9.20	8.80	8.53	8.11	7.60	7.17
日变幅	−0.24	−0.32	−0.35	−0.40	−0.27	−0.41	−0.52	−0.43
金沙江梯级蓄能合计	5月17日	5月18日	5月19日	5月20日	5月21日	5月22日	5月23日	5月24日
	6.95	6.35	5.89	5.17	4.70	4.25	3.93	4.00
日变幅	−0.22	−0.60	−0.46	−0.72	−0.47	−0.45	−0.31	0.06

协调南网总调及时调整各直流外送曲线，改善需拉水区域水电厂送出线路潮流分布。2019 年 5 月 9—12 日 9 时拉水期间，龙开口、鲁地拉、观音岩水电厂受限于仁和至铜都、仁和至厂口、大理至和平及大理至鹿城六线断面控制极限要求及仁和至厂口断面控制极限要求。受制于断面潮流限制，若要加大需拉水电厂（龙开口、鲁地拉、观音岩水电厂）电量，则需通过增加水电厂低谷出力，减少调峰深度。而拉水期间正是两库汛前消落的关键时刻，减少龙开口、鲁地拉、观音岩水电厂低谷调峰深度只能牺牲两库汛前消落速度。针对此困难，云南中调积极协调南网总调加大新东直流与金中直流外送曲线功率，使仁和送出潮流尽量通过仁和往黄坪方向，通过网源协调，极大地缓解了需拉水区域水电厂送出线路潮流分布，在不影响水库汛前消落速度的前提下，成功完成检修前拉水腾库任务，并为后期 500kV 观永乙线检修创造条件。

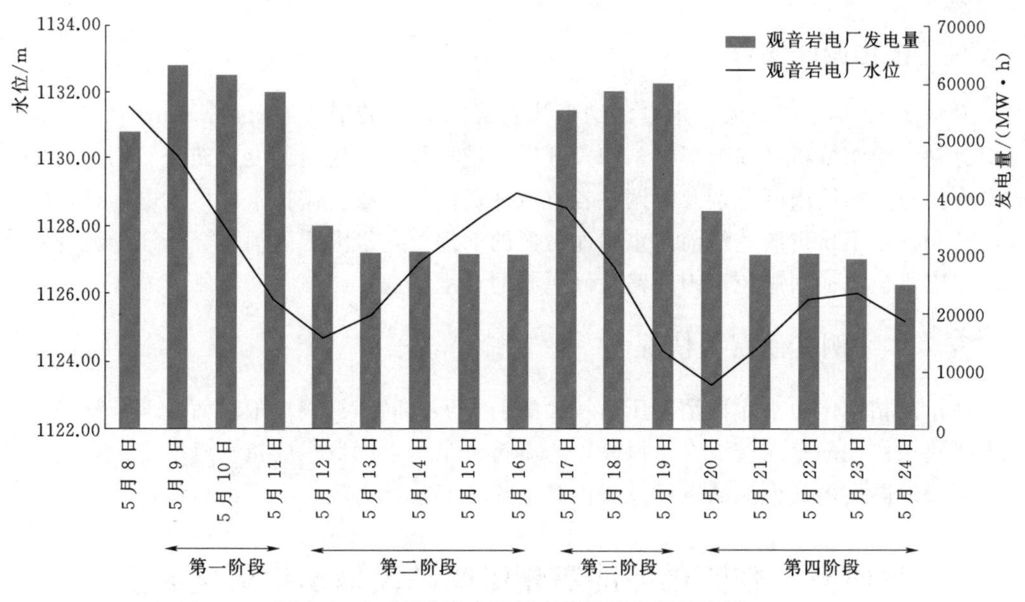

图 3.4-1　观音岩水电厂水位及发电量示意图

跨流域安排水电厂高峰顶峰发电，保障电力供应平稳有序。进入 500kV 观永甲线检修期间，金沙江流域梯级电厂高峰出力减少了约 860MW，检修期间金沙江流域梯级电厂日均发电量较检修前减少约 2500 万 kW·h。为保障电力供应平稳有序，首先在确保仁和至铜都、仁和至厂口、大理至和平及大理至鹿城六线断面及仁和至厂口断面不超控制极限的前提下，优先安排澜沧江上游黄登、大华侨、苗尾水电厂顶峰发电来补充金沙江流域梯级电厂出力缺额，其中黄登、大华侨、苗尾水电厂增加出力约 490MW；其次安排汛前消落压力较小的元江流域水电加大发电出力来补充金沙江流域梯级电厂出力及电量缺额，元江流域电厂发电量如图 3.4-2 所示，其中检修期间元江流域水电日均发电量较检修前增加约 1290 万 kW·h。

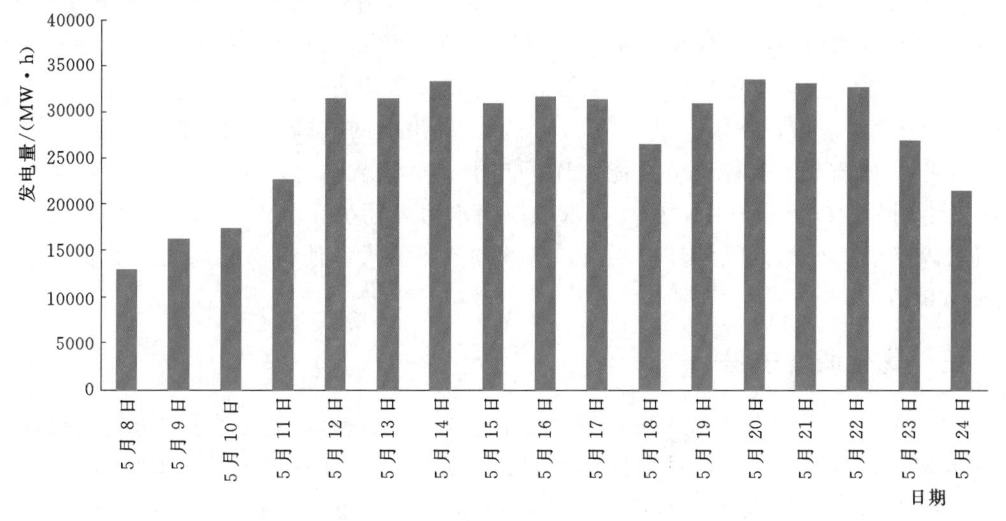

图 3.4-2　元江流域电厂发电量

四、优化调度成效

面对2019年汛前严峻的水电消纳形势及线路检修工作的迫切性，云南中调加强气象信息动态跟踪分析，提前部署，积极开展流域梯级水电优化调度，充分利用南方电网大平台优势，协同南网总调及时调整各直流外送曲线，改善需拉水区域水电厂送出线路潮流分布，在不挤占两库汛前拉水腾库份额的前提下，最大限度消落金沙江中游梯级水电厂水库水位，成功避免了因线路检修引起的弃水问题。

五、本案例其他有关情况

在汛前枯期主力水库群消落压力较大的前提下，同一控制极限断面内部分流域电厂送出线路检修期间存在较大弃水风险，为不挤占主力水库群汛前拉水腾库份额，利用同一控制极限断面内其他流域电厂及省内其他流域消落压力较小电厂配合调控。

案例五　强降雨期间贵州电网跨流域水电优化调度

一、实施时间

2019年5月24日—6月18日。

二、实施背景

贵州水电主要分布在乌江流域、北盘江流域及牛栏江流域，直调水电厂共28座，总装机容量达13206.6MW。其中，乌江流域上的水电厂18座，装机容量为9545MW，梯级水电厂群呈串、并联结合的方式，自西向东贯穿全省，由南支流三岔河与北支流六冲河汇流后进入干流，再汇入猫跳河支流及清水河支流，最后于沙沱下游流经重庆，汇入长江；北盘江流域上的水电厂共7座，梯级水电厂群呈串联方式，分布在贵州省的西南部，属珠江水系，装机容量为3203.5MW；地处牛栏江流域上的水电厂共3座，梯级水电厂群呈串联方式，分布在贵州省的西部边缘（与云南省交界处），属金沙江水系，装机容量为453.9MW。贵州电网直调水电厂群涵盖多年、年、不完全年、日调节等多种调节性能水库，其中，日调节水电厂15座，季调节水电厂8座，年调节及以上水电厂5座。各水电厂间水力补偿关系复杂，同时存在跨流域梯级补偿调节，高原山区气候环境复杂，来水预测难度大，使得水电优化调度面临较大困难与挑战。

三、优化调度过程

2019年5月下旬至6月中旬，贵州省内连续遭遇了3次大范围暴雨天气过程，暴雨间歇期短、落区变化快，过程持续时间长，流域形成复峰洪水且消退缓慢。其中，5月24—27日，贵州全省自东向西出现强降水天气过程，雨量大到暴雨，局地大暴雨；6月5—11日，全省自西南向东北出现强降水天气过程，雨量大到暴雨，局地大暴雨；6月15—18日，全省各地同时出现强降水天气过程，雨量大到暴雨，局地大暴雨。

降雨落区发展变化快、降雨量级大、持续时间长，造成各流域来水预测及弃水风险评估难度大。为科学预判分析各流域来水情况，实施跨流域梯级水电厂群联合优化调度，贵州中调密切与气象部门会商，以获取全省天气最新动态和发展态势，精心制定应对策略：跨流域协调优化、预泄腾库、科学拦洪、梯级联合优化调度。

精准分析，统筹安排，实施跨流域协调优化。通过跟踪分析天气变化趋势，结合各流域实际产流情况差异，在争取全网总水电发电量最大发电空间的同时，科学评估各流域弃水风险，动态调整乌江、北盘江及牛栏江梯级水电运行方式，合理分配各流域梯级水电发电占比，实施跨流域协调优化，确保各流域梯级水电的全额吸纳。针对5月24—27日强降水过程中乌江流域产流明显、弃水风险大，北盘江及牛栏江流域因前期土壤饱和度较低、弃水风险相对较小的情况，综合分析各流域主力水库调蓄能力，安排牛栏江梯级以较小方式发电，北盘江以最小方式运行，尽量为乌江流域梯级水电腾出发电空间，乌江流域水电占比提升至95%。5月28日—6月2日，通过滚动分析各水库水位上涨趋势及后期天气变化情况，适当降低乌江梯级水电发电占比至85%，逐步提高北盘江梯级水电发电占比至14%。6月3—11日，逐步调增乌江梯级水电发电占比至95%，降低北盘江梯级水电发电占比至4%。6月12—18日，逐步降低乌江梯级水电发电占比至83%，调增北盘江梯级水电发电占比至16%。

抓住时机，预泄腾库，变洪水为资源。面对连续的大范围降雨，贵州中调与气象部门密切会商，结合气象滚动预报情况，采取"见缝插针"的方式，利用各流域暴雨短暂的间歇期，抓住时机预泄腾库。5月28日—6月4日，利用两场暴雨过程间歇期，精确分析预测各区间洪水消退趋势，优化各梯级水电运行方式，在来流量持续增加的情况下，实现了引子渡、东风、大花水、光照等关键梯级水电厂的预泄腾库，为下一场洪水赢得了空库容约2.7亿m^3，增加消纳2.9亿kW·h的清洁水电电量。洪家渡水电厂坝上水位过程线如图3.5-1所示，乌江渡水电厂坝上水位过程线如图3.5-2所示，构皮滩水电厂坝上水位过程线如图3.5-3所示，光照水电厂坝上水位过程线如图3.5-4所示。

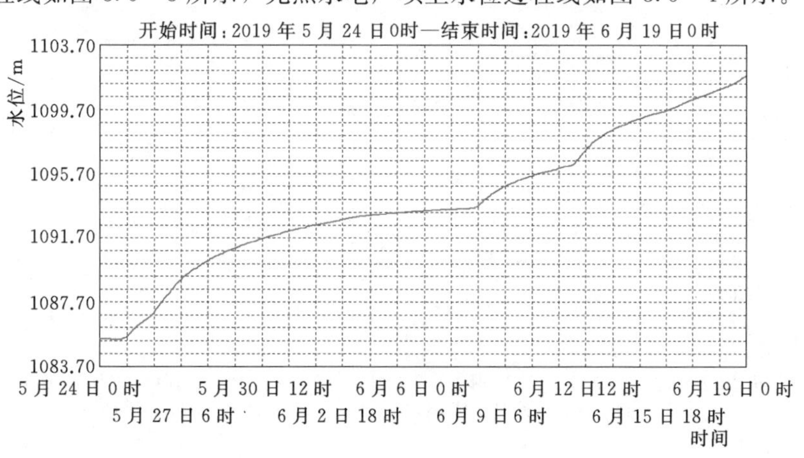

图3.5-1 洪家渡水电厂坝上水位过程线

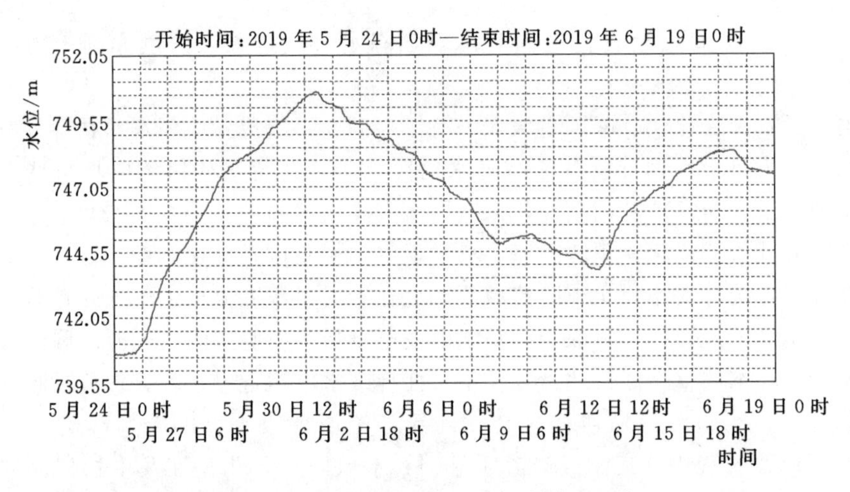

图3.5-2 乌江渡水电厂坝上水位过程线

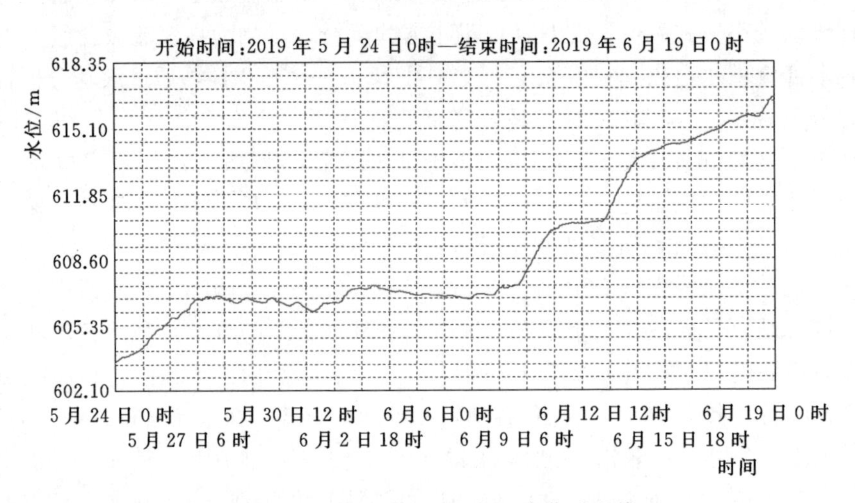

图3.5-3 构皮滩水电厂坝上水位过程线

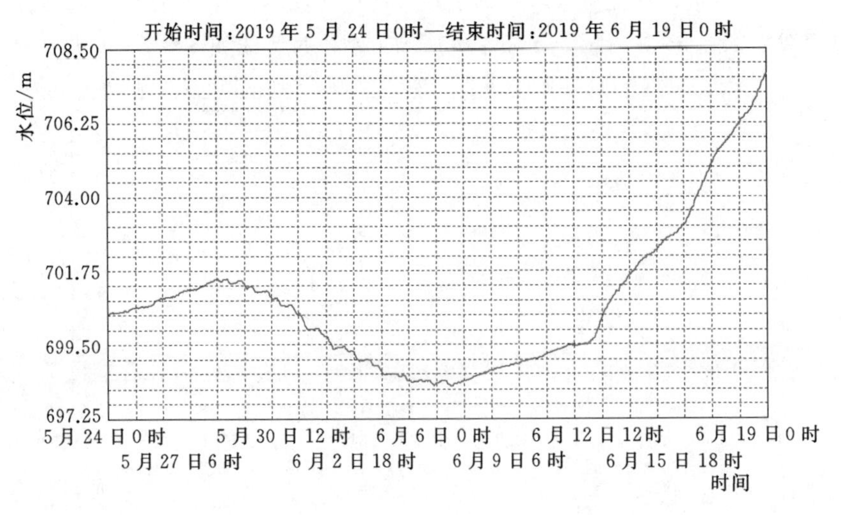

图3.5-4 光照水电厂坝上水位过程线

梯级联合优化调度，成功拦蓄洪水。结合气象部门的中长期滚动预报，分析后期各流域及区间来水形势，在确保全额吸纳洪水期清洁水电的同时，利用调节能力较强的水库逐步拦蓄上游来水，5月24日—6月18日全网水电发电量55.5亿kW·h，并利用洪家渡、构皮滩、光照、乌江渡水电厂成功拦蓄洪水21.2亿m^3，为全网水电梯级蓄能提升24.5亿kW·h；同时，因水位抬升降低了洪家渡、构皮滩、光照、乌江渡水电厂的发电耗水率，折合可节水增发电量约0.6亿kW·h。2019年5月24日—6月18日各梯级水电发电量占比变化如图3.5-5所示。

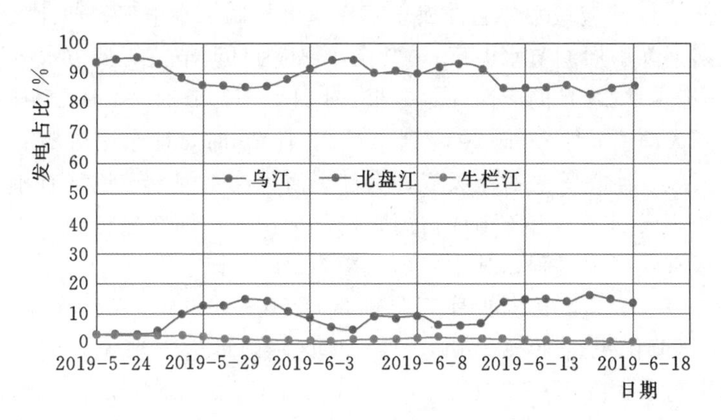

图3.5-5　2019年5月24日—6月18日各梯级水电发电量占比变化

四、优化调度成效

5月下旬至6月中旬，面对连续3次全省大范围暴雨天气过程及流域持续洪水，贵州中调统筹优化部署各项工作，通过跨流域协调优化、预泄腾库、科学拦洪、梯级联合优化调度等措施，全力消纳清洁能源，积极实施资源优化配置，向洪水要效益，在确保各主要水库零弃水的同时获得低成本的水电增发电量约3.5亿kW·h，并为增加后期的水电蓄能和可调出力、保障省内外电力电量供应作出了积极贡献。

五、本案例其他有关情况

该案例适用于各流域梯级具备至少一个季调节性能及以上的主力水库，且主力水库能利用可调库容对入库流量进行再调节。

案例六　广西电网汛前跨流域十库联合优化调度

一、实施时间

2020年4月20—30日。

二、实施背景

郁江是珠江流域西江水系的最大支流，发源于云南省广南县境内的杨梅山，自西北流向东南，源头段称达良河，与达央河汇合后称驮娘江，与西洋江汇合后称剥隘河，至百色与澄碧河汇合后称右江，在南宁市西乡塘区宋村与左江汇合后称为郁江，于桂平市注入浔江。流域自分水岭至干流全长1152km，总落差1655m，平均比降为1.41‰；郁江流域总面积为89667km^2，其中中国境内78074km^2（广西68352km^2，云南9722km^2），越南境内11593km^2。最大支流为左江，流域集水面积为32379km^2，其中越南境内11593km^2，中国境内（广西）20786km^2。

截至2019年年底，广西中调直接调度的郁江流域水库群水电厂累计有12座、装机容量为1619MW。郁江流域中，右江属于不完全多年调节水电厂，西津属于不完全季调节水电厂（汛期下降为周调节水电厂），其余10座为日调节或无调节水电厂。

根据2020年4月20日的广西气象专报：4月21日20时—4月22日20时，右江、桂江流域有中到大雨。4月22日20时到4月23日20时，桂东南流域有大到暴雨，局部有短时雷暴大风、冰雹等强对流天气；右江上游、红水河上游流域有小到中雨，局部大雨；其他流域阴天到多云有阵雨或雷雨，局部大雨。广西气象台和中央气象台均预测右江、西江库区有强降雨过程，其中广西气象台21日下午预测，4月21—24日，右江库区降雨量达40～55mm，长洲近库区降雨量达70～90mm，左江库区降雨量达30～40mm，山秀库区降雨量达10～20mm，西津库区降雨量达20mm。

但实际降雨与预报降雨相差较大，4月21—24日的区间右江、长洲、左江、山秀、西津库区面雨量分别为：15～30mm、20～30mm、60～80mm、70mm、70mm。左江水电厂洪峰达到1620m^3/s，西津水电厂洪峰达到2350m^3/s。

由于郁江流域一般在6月入汛，4月仍有部分机组在检修，其中宋村检修2台机组，西津、仙衣滩、牛湾各有1台机组检修，检修容量累积达到160MW。4月22日上午根据最新的卫星云图和降雨实况，广西中调及时调整左江流域发电调度策略。

三、优化调度过程

1. 优化梯级增发水电

为充分利用天然来水增发水电，根据降雨实况和滚动预报，水调准确预测出左江流域来水将大幅增加并达到满发水平。4月22日开始提前安排左江、山秀、仙衣滩水电厂提前腾库预泄，其中左江、山秀、仙衣滩水电厂水位分别在来水前降至107.20m、85.50m、42.50m，累计预泄腾库0.9亿m^3，左江、山秀、仙衣滩水电厂优化增发电量分别达到100万kW·h、130万kW·h、200万kW·h，郁江流域水库群累计洪前预泄优化增发电量1000万kW·h。左江水电厂洪前预泄调度过程如图3.6-1所示。

4月22—24日的强降雨使得左江流域的天然来水大幅增加，左江库区水量增加4.7亿m^3，山秀库区水量增加0.8亿m^3，西津库区水量增加0.9亿m^3，宋村库区水量增加0.2亿m^3，截至4月30日，郁江流域水库群累计新增电量1.0亿kW·h。

及时利用西津库容拦蓄洪水，累积拦蓄2.0亿m^3，使得下游仙衣滩、长洲可以多发水电1080万kW·h。

2. 跨流域调度减少弃水损失

4月22—24日，左江、郁江出现强降雨过程，导致郁江流域有机组检修的水电厂

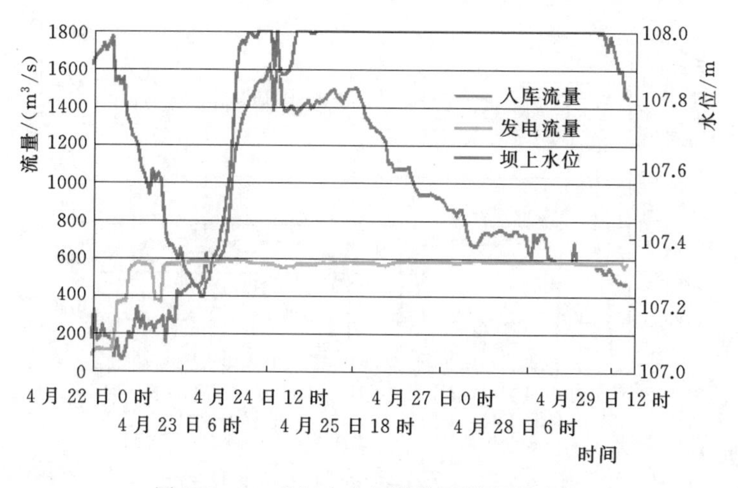

图 3.6-1 左江水电厂洪前预泄调度过程

面临弃水风险和调峰弃水风险。受强降雨影响，郁江区间来水大幅增加，同时下游西津、仙衣滩均有1台机组检修。由于右江流域没有强降雨、右江水电厂具备调节能力，为减少下游弃水损失、避免水电弃水调峰风险，及时开展跨流域调度，使左江、右江的来水错峰：一是紧急安排调减右江水电厂发电流量，左江水电厂发电流量从日均 $350m^3/s$ 调减到日均 $75m^3/s$，5天时间累积减少下泄水量1.2亿 m^3；二是安排右江下游那吉、鱼梁、金鸡滩水电厂均蓄满库容并高水位运行，减少下游泄洪。右江水电厂水位和出力过程如图3.6-2所示，金鸡滩水电厂水位和出力过程如图3.6-3所示，西津水电厂流量和水位变化过程如图3.6-4所示。

3. 优化水电检修，优化火电运行

(1) 优化水电机组检修。受疫情影响，仙衣滩水电厂机组原计划4月16日开工检修，广西中调水调值班人员根据水情变化及时调整检修计划，安排仙衣滩水电厂3号机组4月14日开工检修，提前两天开工，使仙衣滩多发电144万kW·h。

(2) 协调西津、仙衣滩水电厂及时恢复检修机组。西津水电厂3号机组于4月25日上午恢复，提前11天；仙衣滩3号机组于4月27日恢复，提前3天。

(3) 广西中调针对电网负荷偏低、水电大幅增加的不利形势，安排神鹿、防城港一期、贵港、钦州二期、六景5座火电厂停机，停机容量达到3270MW。

4. 短期调度与实时调度结合

4月23日开始紧急调整右江水电厂发电策略，并实时滚动优化右江水电厂梯级发电策略。

9时30分，为避免宋村、仙衣滩水电厂水库开闸、减轻西津水电厂弃水压力，右江水电厂出力由380MW调减到100MW，金鸡滩水电厂出力从50MW调减到30MW。

11时00分，右江水电厂出力从100MW调减到80MW，那吉出力从30MW调减到10MW万，鱼梁水电厂从30MW调减到15MW，金鸡滩水电厂出力从30MW调减20MW。

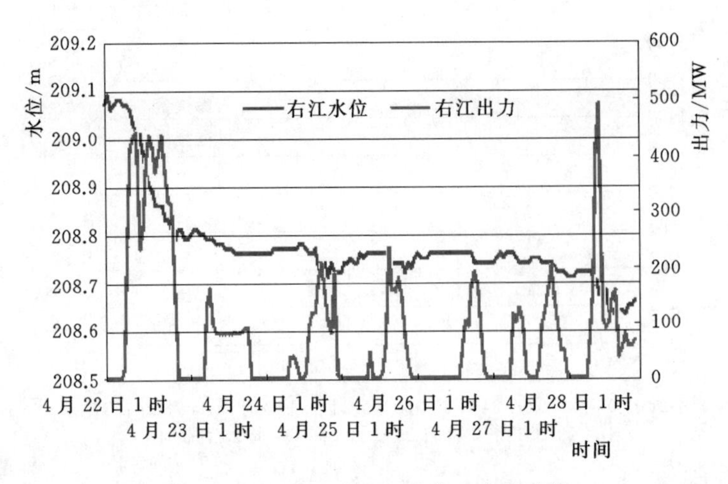

图 3.6-2 右江水电厂水位和出力过程

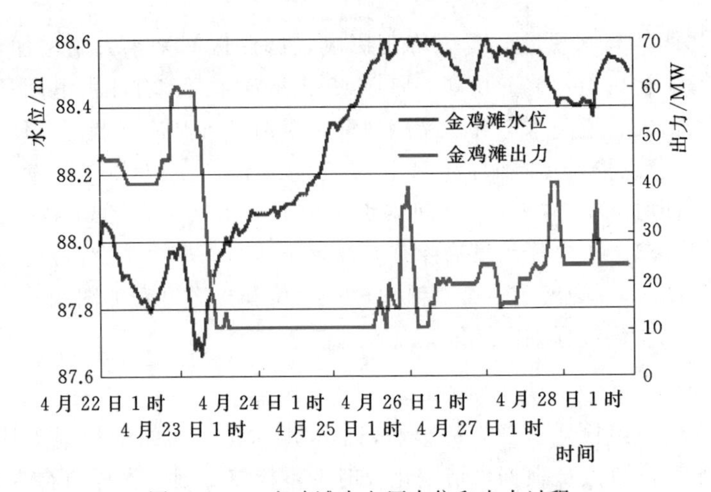

图 3.6-3 金鸡滩水电厂水位和出力过程

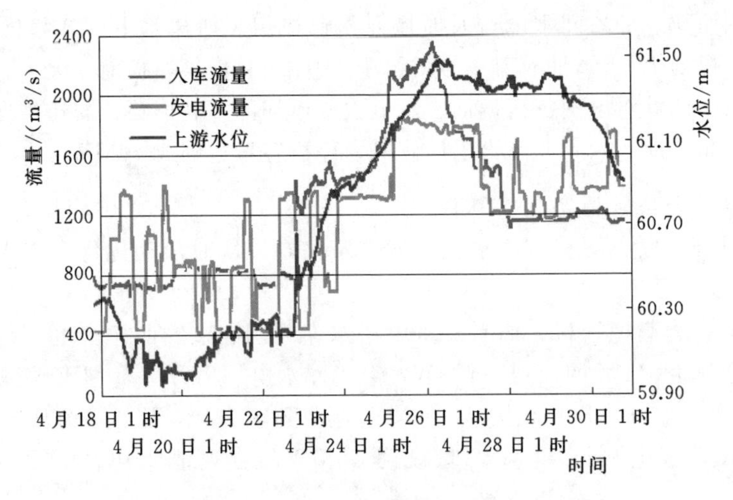

图 3.6-4 西津水电厂流量和水位变化过程

12 时 30 分，为减轻下游弃水压力，右江水电厂出库流量控制在 100m³/s 左右；11 点开始那吉水电厂出力调减至 10MW，12 时 30 分后鱼梁水电厂出力调减至 15MW，12 时 30 分后金鸡滩水电厂出力由 20MW 调减至 10MW。那吉、鱼梁水电厂都在正常水位运行后平水。

15 时 00 分，由于仙衣滩水电厂 1 小时后可能开闸，西津水电厂出力从 150MW 调减到 100MW，并要求仙衣滩水电厂抓紧时间抢修机组。同时让那吉水电厂、鱼梁水电厂保持高水位运行。右江流域调减出库流量后，宋村水电厂水位维持在 75.40～75.50m 之间，同时牛湾水电厂水位尽量维持在 67m，避免增加下游西津水电厂压力、减少下游仙衣滩水电厂开闸泄洪水量。

16 时 00 分，由于右江、那吉水电厂上午调减的水量已经到鱼梁水电厂，鱼梁水电厂出力由 15MW 调减到 10MW，避免了宋村水电厂 4 月 23 日开闸泄洪。

四、优化调度成效

通过对郁江流域十库跨流域联合优化调度、水火电联合优化调度、短期与实时调度结合等，化解了弃水风险，实现水电优化增发电量 1000 万 kW·h，利用天然来水多发电量约 1 亿 kW·h。通过跨流域优化右江水电厂发电，使右江流域来水与左江流域错峰，下游水电厂减少电量损失 1440 万 kW·h。

案例七　台风雨影响期间广西电网跨流域水电优化调度

一、实施时间

2013 年 9 月 19—30 日。

二、实施背景

郁江、柳江分别是珠江流域西江水系的第一、第二大支流。广西中调直接调度的郁江、柳江流域水库群水电厂累计达到 21 座，装机容量达到 2439MW。其中，郁江流域有 12 座水电厂，装机容量为 1619MW；柳江流域有 9 座水电厂，装机容量为 820MW。郁江流域中右江水电厂属于不完全多年调节水电厂，威后水电厂属于不完全年调节水电厂，西津水电厂属于不完全季调节水电厂，其他 18 座水电厂属于日调节或无调节水电厂。

2013 年 9 月，第 19 号超强台风“天兔”登陆广东省后强度迅速减弱，“天兔”低压环流中心于 9 月 23 日 12 时前后从贺州附近进入广西，之后从恭城、永福、罗城、东兰、田东、扶绥、钦州、东兴一线穿过，于 9 月 25 日下午移出广西减弱消失。受“天兔”和南下冷空气共同影响，9 月 23—25 日广西出现较大范围的强降水和明显的大风、降温天气过程，局部累计雨量大、短时雨强大、瞬时风力大。

三、优化调度过程

由于台风登陆后的路径走向、影响范围和强度等预测难度大，为应对台风“天兔”

可能带来的强降雨，广西中调在台风形成之初密切与气象部门会商，以获取台风最新动态和发展态势，并研究制定了应对台风“天兔”的策略：预泄腾库、拦蓄洪尾、梯级优化调度。

（1）预泄腾库、梯级优化调度。鉴于台风“天兔”登陆后强度减弱快、缺少季风配合等形成强降雨条件，影响时长面广但强度不大，结合气象部门的滚动预报，广西中调及时采取措施，在台风没有登陆前针对“天兔”可能影响的流域，于9月19日开始在仙衣滩水电厂满发情况下预泄西津水电厂水位；针对桂江、融江、龙江、左江流域来水情况，根据各流域来水时间和流量等级的不同相应开展腾库预泄、梯级优化、跨流域协调调度工作。通过腾库预泄、梯级调度、拦蓄洪尾，达到了充分利用西津等水电厂的有效库容，又减轻下游水电厂因出力受阻造成的损失。通过此次优化调度，9月23日西津水电厂水位最低预泄至58.90m。

（2）拦蓄洪尾。针对本次降雨，各流域累计预泄水量5.3亿m^3，水电厂利用预泄实现梯级增发水电。西津水电厂在不弃水的情况下，逐步拦蓄上游来水，在9月30日回蓄至水位61.40m左右，成功拦蓄3.3亿m^3洪水。麻石水电厂拦蓄0.5亿m^3，红花水电厂拦蓄0.5亿m^3，左江水电厂拦蓄0.3亿m^3。本次拦蓄不仅提高郁江、融江、柳江、桂江流域水电厂水能利用率，而且实现水资源最大化利用，通过郁江流域优化调度使下游仙衣滩、长洲、桂航水电厂增发电量约2000万kW·h，左江、山秀、麻石、浮石、大埔、红花等梯级水电厂可增发电量约1500万kW·h。麻石水电厂库区雨量和水位过程线如图3.7-1所示，麻石水电厂流量和水位过程线如图3.7-2所示，西津水电厂流量和水位过程线如图3.7-3所示。

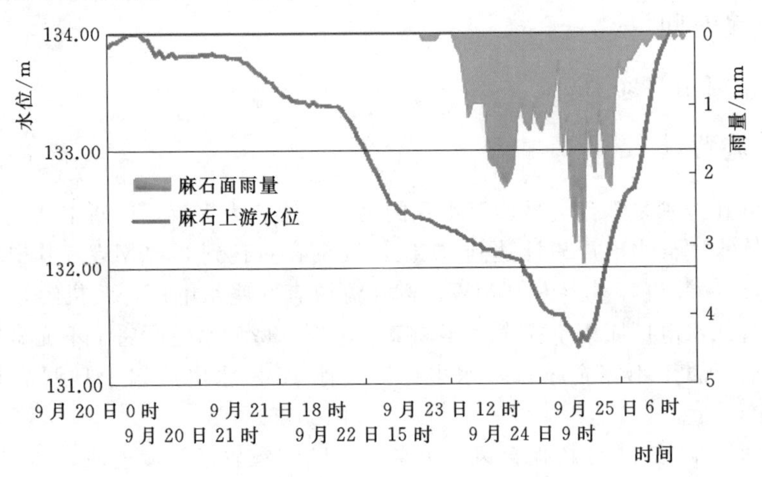

图3.7-1 麻石水电厂库区雨量和水位过程线

（3）在本次调度过程中，研究制定了具体策略。

1）策略一：制定评估关键水电厂优化调度策略，先按照西津水电厂满发降水位，待西津水电厂水位降到位再减少西津发电流量。

风险：西津水电厂下游开闸流量太大，不能充分利用西津水电厂拦蓄水量。

优点：西津水电厂降水位较快，开闸泄洪风险较小。

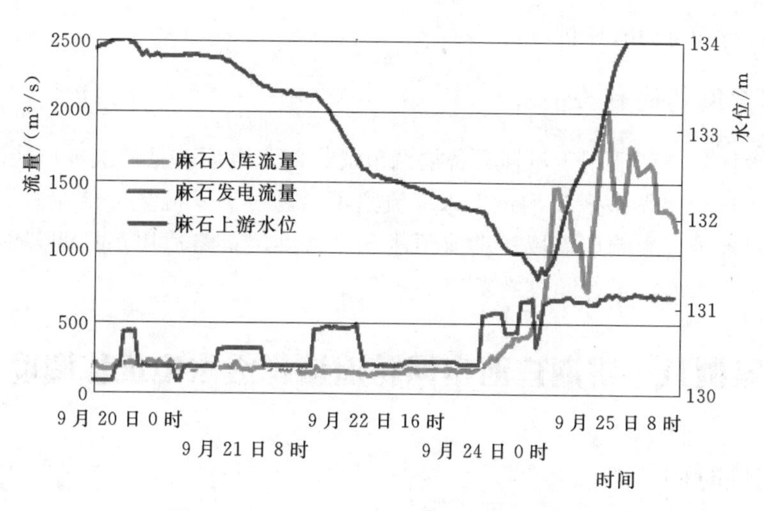

图 3.7-2　麻石水电厂流量和水位过程线

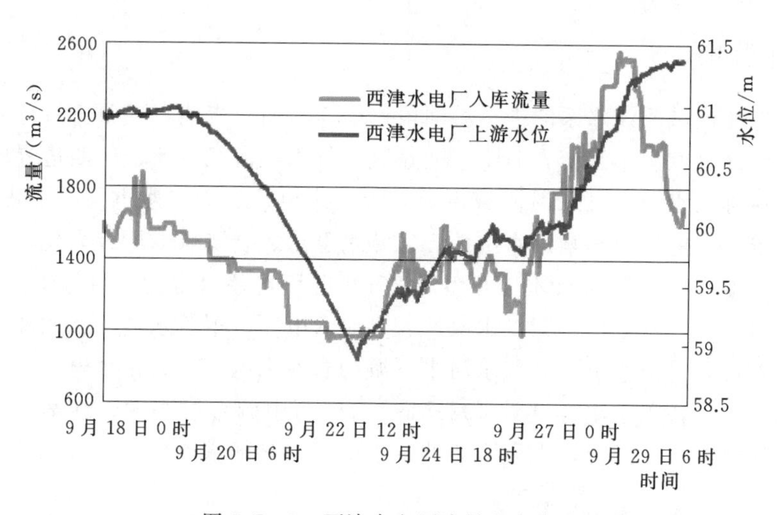

图 3.7-3　西津水电厂流量和水位过程线

2）策略二：按照下游不开闸情况，安排西津水电厂发电腾库；降雨结束后，根据预测的西津水电厂未来3～5天入库流量，评估西津水电厂是否会开闸，以此决定是否按西津水电厂满发继续腾库。

风险：西津水电厂水位下降较慢，开闸泄洪风险较大，如果西津水电厂开闸泄洪会有电量损失。

优点：西津水电厂下游受阻时间较少，发电量会提高，但整个流域总电量最大。

基于降雨预报、降雨实况、西津水电厂水位预泄等综合考虑，选择了策略二。

四、优化调度成效

9月下旬，广西中调针对台风“天兔”，精心安排，做好台风预警，提前安排水电厂预泄腾库泄洪增发，开展梯级、跨流域调度，及时采取拦蓄洪尾等优化措施，水电增发电量约3500万kW·h，同时增加了后期的水电蓄能和出力保证，有助于冬季广西电网安全稳定运行和电力有序供应。

五、本案例其他有关情况

该类梯级优化调度适用于汛期具备周调节能力的水电厂，且该水电厂能利用可调库容对入库流量进行再调节、日均最大入库流量不会超过满发流量 2 倍左右、未来 10 天左右没有强降雨过程影响该流域。洪前预泄和拦蓄洪尾策略适用于日调节能力水电厂，且预测未来几天入库流量会超过满发流量并会开闸。

案例八 汛期广西电网跨流域梯级水电优化调度

一、实施时间

2014 年 6 月 4—10 日。

二、实施背景

红水河是珠江流域西江水系的中上游河段，横跨云南、贵州、广西三省（自治区）。河流上游称南盘江，发源于云南省曲靖市沾益区马雄山，流经贵州、广西边界的蔗香村与北盘江汇合后称红水河。红水河流域主要有天一水电厂、天二水电厂、平班水电厂、光照水电厂、董箐水电厂、马马崖水电厂、龙滩水电厂、岩滩水电厂、大化水电厂、百龙滩水电厂、乐滩水电厂、桥巩水电厂等 12 座水电厂，装机容量共计 13927MW。其中，红水河上游的天一水电厂、天二水电厂、光照水电厂、董箐水电厂、龙滩水电厂由南网总调直接调度，平班水电厂及红水河中下游的岩滩水电厂、大化水电厂、百龙滩水电厂、乐滩水电厂、桥巩水电厂共计 4029MW 由广西中调直接调度。红水河流域中天一水电厂、光照水电厂、龙滩水电厂为年调节水电厂，其他水电厂具备日调节或周调节能力。

受西南季风与冷空气共同影响，2014 年 6 月 4 日开始，广西大部地区出现大到暴雨。6 月 4—7 日，广西自北向南出现一次强降雨过程。据广西国家气象观测站降水资料统计，6 月 3 日 20 时—6 月 7 日 20 时，广西共出现大雨 60 站次，暴雨 37 站次，大暴雨 11 站次。其中，6 月 4 日 20 时—6 月 5 日 20 时，荔浦降雨量达 183mm，打破当地建立气象观测站以来最大日降水量纪录。

三、优化调度过程

6 月上旬，广西柳江、桂江、红水河、郁江等流域先后多次经历强降雨，区间来水明显增加。针对红水河中下游连续强降雨，为实现水电清洁能源全额吸纳，广西中调克服电网负荷下降、水火电矛盾突出的困难，加大火电调峰幅度以全额吸纳水电。同时，广西中调开展水电经济调度，有序开展洪前预泄、梯级调度等，千方百计增发水电电量。为应对本次强降雨给广西各流域带来的影响，水调值班员在来水前逐步对红水河、左江梯级水电厂预泄腾库；及时调减龙滩水电厂水库发电流量。

(1) 优化梯级吸纳区间洪水：6月4—5日，红水河中下游受强降雨影响普降大到暴雨，其中岩滩水电厂区间出现大暴雨，岩滩水电厂区间面雨量累积达到111mm。岩滩水电厂区间来水大幅增加，区间最大洪峰流量约为2400m^3/s，区间最大日平均流量约1800m^3/s。6月5日18点岩滩水电厂水位220.9m，距离动态汛限水位上限222.5m仅有1.6m（可调库容有1.7亿m^3）。为避免岩滩及梯级下游水电厂的弃水风险，经与南网总调沟通协调，龙滩水电厂6月5日发电流量从6月4日的1360m^3/s调减到6月6日的790m^3/s，6月7—8日龙滩水电厂发电流量减至最小流量450m^3/s，同时，广西中调运行方式专业人员克服电网低谷时段负荷轻的困难，开展水火电联合调度，安排岩滩、桥巩水电厂满发运行，最终实现区间来水100%利用，成功化解岩滩水电厂及梯级下游水电厂弃水风险。通过梯级优化调度，6月4—8日实现岩滩水电厂区间5.5亿m^3、大化水电厂区间0.5亿m^3、乐滩水电厂区间1.3亿m^{3}来水完全吸纳利用，实现洪水最大化利用，红水河中下游梯级水电厂借助区间来水实现新增发电约1.7亿kW·h。龙滩水电厂入库流量和发电流量过程线如图3.8-1所示，龙滩、岩滩水电厂水位过程线如图3.8-2所示，岩滩库区雨量和龙滩、岩滩水电厂流量变化如图3.8-3所示。

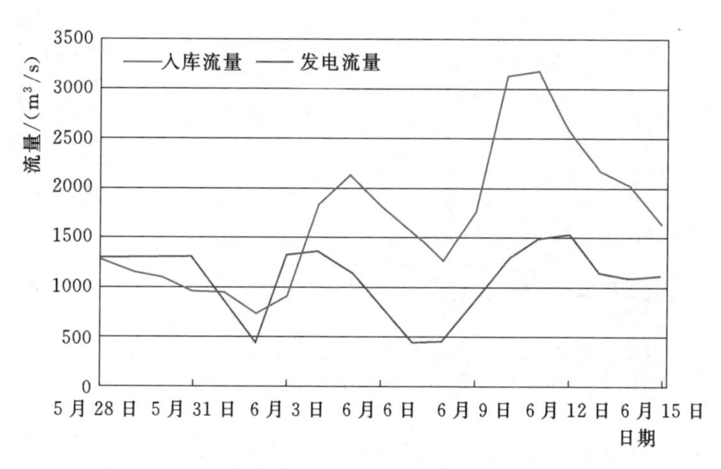

图3.8-1 龙滩水电厂入库流量和发电流量过程线

(2) 预泄腾库实现水电增发：针对左江流域的强降雨，先后安排左江、山秀水电厂预泄腾库，其中，左江水电厂在来水前水位最低预泄至106.30m，腾库0.5亿m^3；山秀水电厂在来水前水位最低预泄至85.10m，腾库0.4亿m^3，左江梯级两个水电厂实现洪前预泄增发电量450万kW·h。针对左江流域来水不断加大，以及未来左江、郁江仍有降雨的预报，通过利用西津水库的有效库容调蓄，在保证仙衣滩水电厂4台机组满发且不开闸的情况下安排西津水电厂发电运行。

四、优化调度成效

通过采取洪前预泄、梯级优化、拦蓄洪尾、水火电联合优化调度等措施，化解了红水河流域主要水电厂的弃水风险，6月4—8日实现红水河中下游区间来水100%消纳并利用区间来水新增发电约1.7亿kW·h，左江梯级水电厂实现水电增发电量450万kW·h。

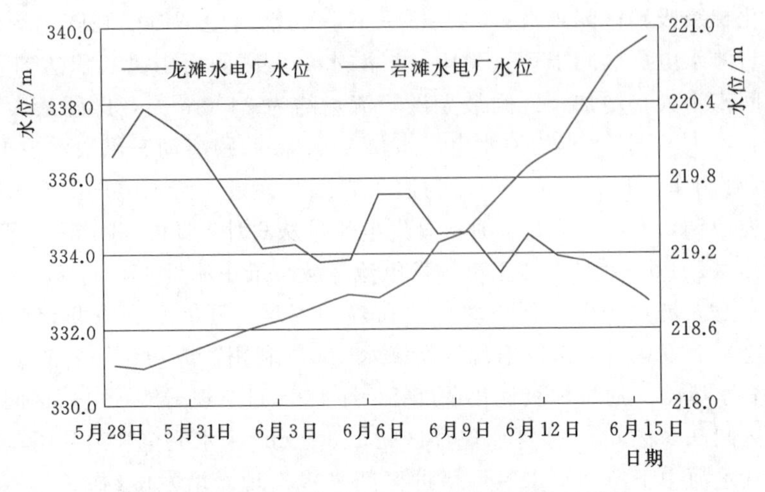

图 3.8-2 龙滩水电厂、岩滩水电厂水位过程线

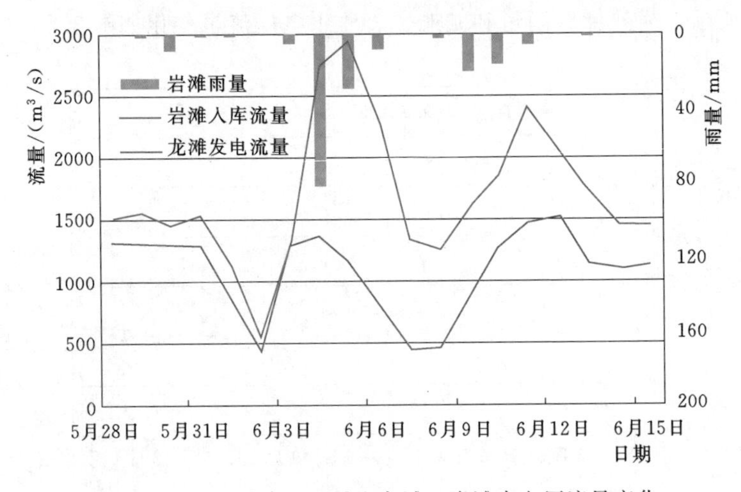

图 3.8-3 岩滩库区雨量和龙滩、岩滩水电厂流量变化

五、本案例其他有关情况

该类梯级优化调度适用于汛期梯级流域上游有具备年调节能力的龙头水电厂，龙头水电厂具备较大调蓄能力且不存在开闸弃水风险。

第四章 电网水火电及跨省区大电网优化调度

电网水火电优化调度是指在满足电网、电厂运行约束条件下，优化水火电发电安排，充分挖掘火电调峰能力，最大限度减少水电弃水，实现电网节能经济运行效益最大化。跨省区优化调度是指发挥区域大电网资源优化配置作用，优化各省区各类电源发电安排，最大限度消纳水电等清洁能源，实现全区域电网节能经济运行效益最大化。

案例一　贵州电网水火电优化调度有效应对乌江特大洪水

一、实施时间

2014 年 7 月 13—22 日。

二、实施背景

2014 年 7 月 13—18 日，贵州省出现持续性大范围降水，强降水区域主要集中在西南至东北一线大部地区，给乌江全流域带来极大影响，强降水过程持续 7 天，据气象统计贵州全省 192 站次出现大雨以上的强降水，其中 86 站次达到暴雨以上等级，过程平均雨量排历史第 2 位，过程平均暴雨量排历史第 6 位；暴雨日数较历史同期平均水平偏多 1 天，排历史第 3 位。日降水量（7 月 15 日 20 时至 7 月 16 日 20 时）有 14 个县市区出现极端降水事件，其中 7 个县市区突破历史极值。

乌江流域各主要水电厂区间过程累计降雨量普遍超过 200mm，引子渡、东风、思林、沙沱水电厂区间面雨量累计分别达到 289.7mm、272.2mm、283.1mm、283.2mm。由于集中强降雨，乌江流域各水电厂区间产流明显，全流域出现峰高量大、陡涨缓落的复峰型洪水。7 月 16—18 日，各区间洪水相继达到最大值，其中索风营水电厂区间洪峰流量为 3200m^3/s（200 年一遇），乌江渡水电厂区间洪峰流量为 4430m^3/s（近 100 年一遇），构皮滩水电厂区间洪峰流量为 9970m^3/s（超 50 年一遇），思林水电厂区间洪峰流量为 7760m^3/s（达 1000 年一遇），沙沱水电厂区间洪峰流量为 7970m^3/s（达 1000 年一遇），大花水水电厂区间洪峰流量为 5190m^3/s（超 100 年一遇）。洪家渡水电厂入库流量及水位变化如图 4.1-1 所示，东风水电厂入库流量及水位变化如图 4.1-2 所示，乌江渡水电厂入库流量及水位变化如图 4.1-3 所示，构皮滩水电厂入库流量及水位变化如图 4.1-4 所示。

面对严峻的水电消纳形势，果断采取应对措施，通过大力实施省内水火电优化调度、全力增加贵州外送电力等手段，确保了洪水期间水电全额消纳，成功避免了特大洪水期间水电弃水。

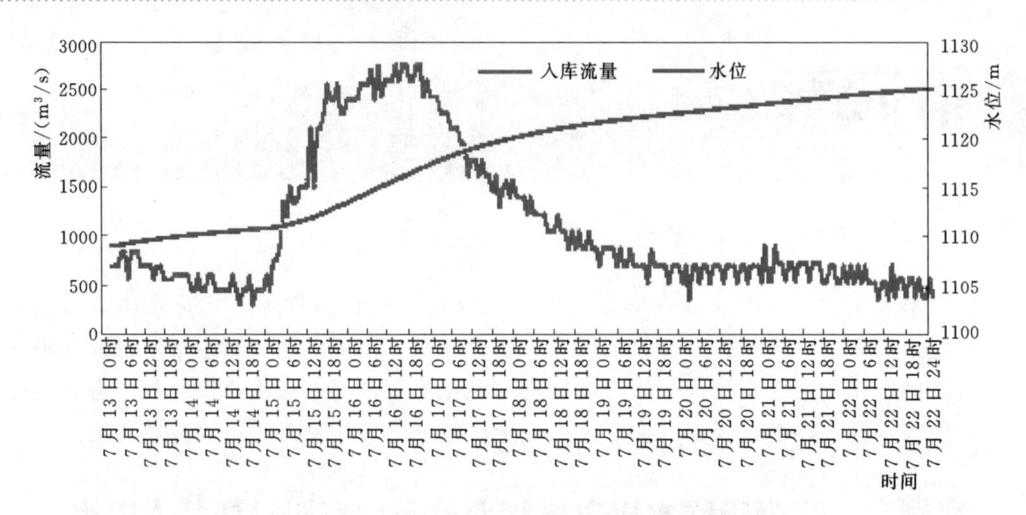

图 4.1-1　洪家渡水电厂入库流量及水位变化图

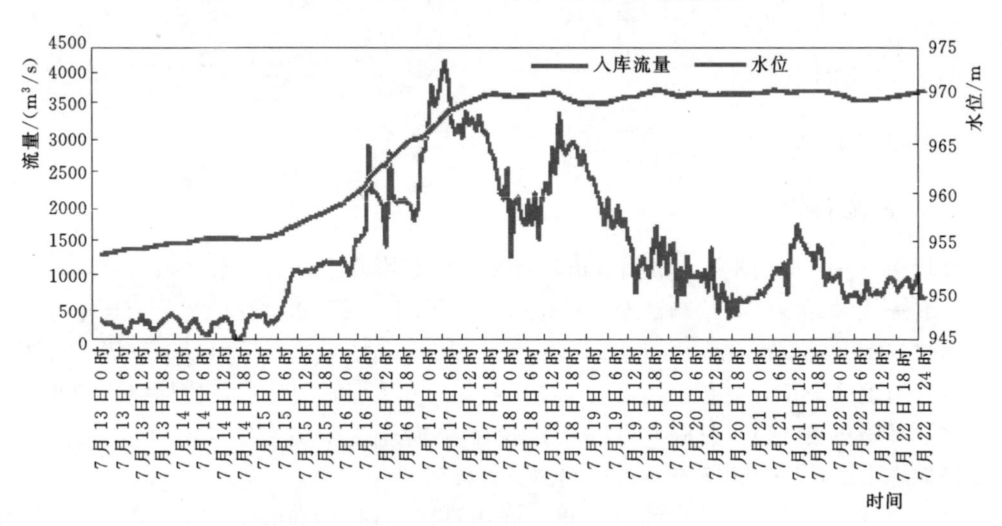

图 4.1-2　东风水电厂入库流量及水位变化图

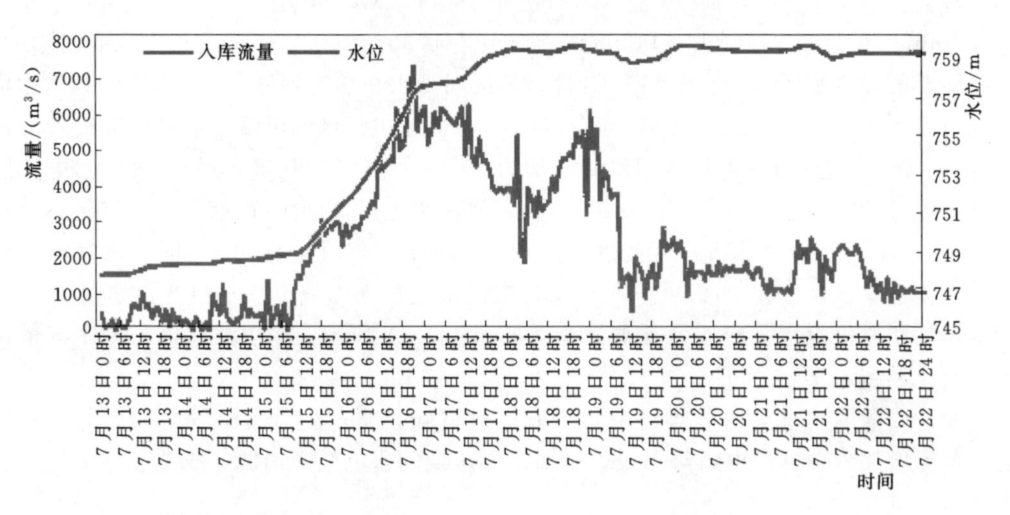

图 4.1-3　乌江渡水电厂入库流量及水位变化图

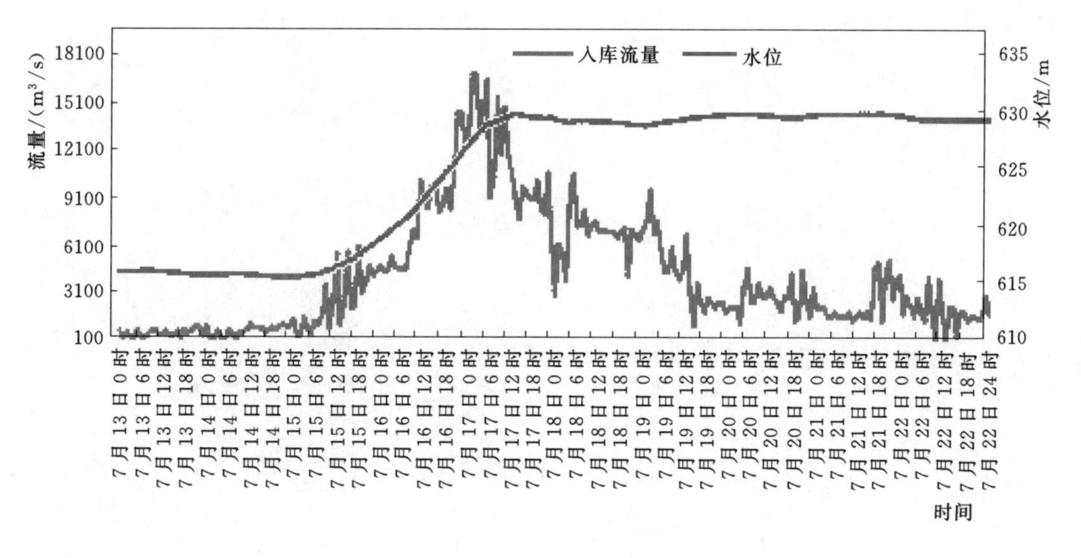

图 4.1-4 构皮滩水电厂入库流量及水位变化图

三、优化调度过程

受强降雨影响，乌江流域来水陡增，7 月 13—22 日贵州水电发电能力显著增加，日天然来水可发电量由 1.91 亿 kW·h 增加至 20.82 亿 kW·h，最大出力达到 1130 万 kW，但省内日均用电量仅为 1.8 亿 kW·h，特别是电网负荷低谷仅为 566 万 kW，面临十分严峻的调峰弃水形势。

7 月 14 日，安排火电停机 815.5 万 kW，安排多年调节水库洪家渡全停，光照、董箐、东风、索风营、乌江渡、构皮滩等季调节性能以上水库负荷低谷时期全停调峰，让出低谷消纳空间，确保了沙沱、普定、大花水、格里桥、红枫等水电厂全部满发，避免了日调节水库弃水。

7 月 15—16 日来水进一步增加，其中 7 月 16 日贵州电网网来水可发电量达到 20.82 亿 kW·h（较多年平均偏多 817%），单日来水创历史最高纪录，东风、乌江渡、构皮滩等水库水位分别快速上涨至 962.00m、755.00m、622.00m，逐步逼近水位上限，需进一步加大水电发电，降低弃水风险。继续安排火电停机，7 月 15 日增停火电 290 万 kW，7 月 16 日增停火电 340 万 kW，火电总停机容量达 1445.5 万 kW，停机比例 70.9%，创历史停机最高纪录，且开机火电进行 75%深度调峰，保证了除多年调节水库洪家渡以外的所有直调水电厂全天满发。

7 月 17—22 日，除洪家渡水电厂以外的所有直调水库失去调蓄能力，此时火电已经按保障省内电力供应的最小方式停机，省内水火电优化调度措施已经用尽，协调南网总调优化外送安排全力保障水电全额消纳，送广东电力用电低谷时段安排 780 万 kW，用电高峰时段安排 600 万 kW，出现了“反调峰”的情况，确保了贵州 1073 万 kW 水电满发，成功化解重大弃水风险。7 月 22 日西电计划及实际曲线如图 4.1-5 所示。

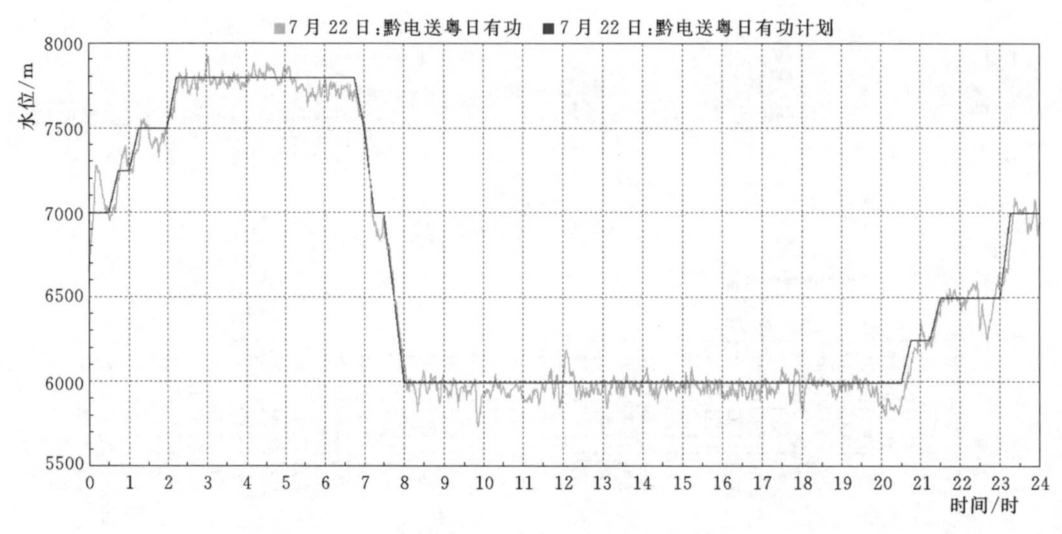

图 4.1-5 7月22日西电计划及实际曲线图

四、优化调度成效

梯级洪水资源利用效益显著，避免了乌江梯级弃水，实现梯级水电增发电量约 3.2 亿 kW·h。通过分级拦蓄和错峰调节，最大程度减少了洪水对沿岸城镇的冲击，其中洪家渡水电厂为下游削峰 2770m^3/s（削峰率 100%），构皮滩水电厂削峰幅度 5560m^3/s（削峰率达 32.9%），大幅减轻乌江下游洪涝灾害，确保了下游沿岸人民生命财产安全。

案例二 广西电网集中强降雨期间水火电优化调度避免弃水

一、实施时间

2017 年 6 月 4—10 日。

二、实施背景

2015 年年底，广西电网成为我国西部首个包含水、火、核、风、光等多种电源形式的省级电网。2017 年前 5 个月，核电、风电、光伏、生物质的发电量增长迅猛，同比分别增加 46%、96%、171%、39%；由于火电参与电力市场以及供热要求，火电电量增幅超过电网用电增幅，达到 16.6%；广西受西电增幅达到 228%。以上因素使得水电全额消纳的空间被挤压，水电调峰弃水的压力增加。每一场强降雨都在给水电的全额消纳增加压力。

受高空槽、切变线和冷空气共同影响，2017 年 6 月 4 日广西强降雨从桂西北拉开序幕，并在 6 月 5—7 日自西北到东南横扫全区。红水河、龙江、融江、桂江、西江五大流域出现中到大雨、局部暴雨到大暴雨，先后共有 15 站次出现暴雨，5 站次出现大暴雨。其中，6 月 4—6 日岩滩水电厂面雨量累积达到 97mm。主要流域均出现 2017 年入汛以来最大洪峰流量，其中岩滩水电厂最大入库流量达到 3400m^3/s，红花水电厂最大入库流量达到 6400m^3/s，长洲水电厂最大入库流量达到 14800m^3/s。

6 月 5—6 日，全区范围内的强降雨致使广西电网负荷大幅降低，全网负荷环比下降 1500～3000MW，最大下降幅度高达 18%。强降雨导致龙江、融江、桂江、西江等流域区间来水大幅增加，13 座水电厂的负荷率接近 100%。电网负荷大幅下降，水电出力大幅增加，全额吸纳水电存在很大困难。强降雨期间广西电网负荷变化情况如图 4.2-1 所示。

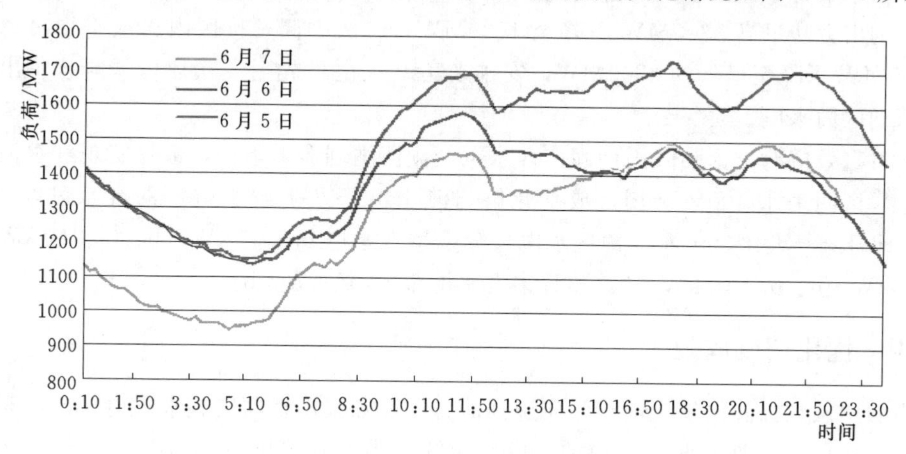

图 4.2-1 强降雨期间广西电网负荷变化情况

三、优化调度过程

针对此次强降雨，广西中调提前安排龙江、融江、柳江、桂江梯级水电厂预泄腾库。其中：拉浪、洛东、大埔、红花等水电厂水位最低分别降至 175.30m、115.00m、92.00m、76.70m，预泄腾库分别达 1400 万 m^3、900 万 m^3、2400 万 m^3、4600 万 m^3，龙江、融江、桂江三大梯级流域 12 座水电厂累计腾库达到 1.6 亿 m^3，12 座水电厂累积增发水电电量约 1600 万 kW·h。洛东水电厂预泄腾库过程如图 4.2-2 所示。

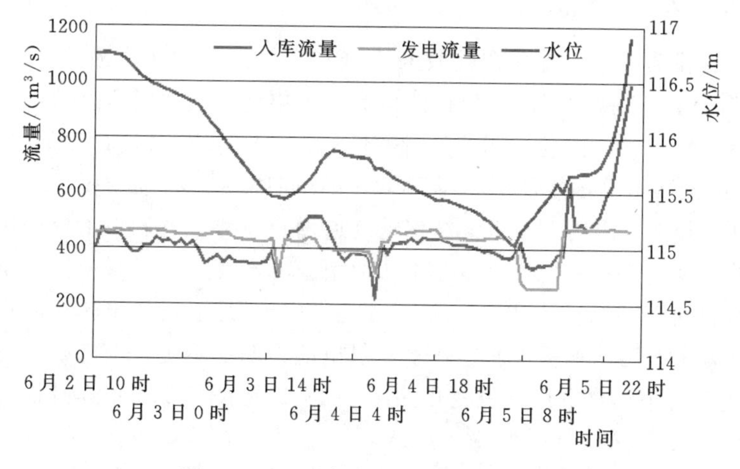

图 4.2-2 洛东水电厂预泄腾库过程

水电出力大幅增加，红水河中下游梯级水电厂天然来水出力由1600MW增至2700MW，增幅高达70%；北部、东部流域龙江、融江、桂江、西江等13座水电厂的负荷率接近100%。面对严峻的弃水压力，广西中调克服全网负荷下降、水火电矛盾突出的困难，加大火电调峰幅度以全额吸纳水电。南网总调充分发挥龙滩水电厂水库调蓄作用，安排龙滩水电发电流量由强降雨前的2100m^3/s调减至450m^3/s（年度最小值），为红水河中下游日调节水电厂拦蓄洪水。同时优化西电送广西发电曲线，西电云电送广西的平均出力从最高3200MW下降至1700MW；广西中调安排区内火电平均出力由最高5200MW下降至最低的2800MW，安排来宾B火电厂先后4次启停调峰，腾出发电空间消纳区内水电。

通过有效应对，为强降雨期间广西水电全额消纳创造了条件，最终实现红水河中下游水电厂区间来水100%利用，成功化解岩滩水电厂及下游水电厂的弃水风险。6月4—11日岩滩、大化、乐滩、桥巩水电厂分别增发水电0.7亿kW·h、0.3亿kW·h、0.4亿kW·h、0.4亿kW·h，累计多发水电1.84亿kW·h。

四、优化调度成效

广西中调在强降雨发生前科学实施预泄腾库，强降雨期间实施水火电、西电东送优化调度，实现了广西水电全额消纳，成功化解了重大弃水风险。其中，6月4—11日，利用洪水合计增发电量约2亿kW·h，取得了显著的调洪优化增发电量效益。

案例三　云南电网水火电优化调度保障枯汛交替电力供应

一、实施时间

2018年5月1—31日。

二、实施背景

2018年，云南省内大工业用户受政府出台“开门红”政策以及市场化交易电价降低等影响，省内用电量持续走高，保持两位数的大幅增长，为保障电力供应，主力水库水位快速下降。4月底，澜沧江小湾、糯扎渡水电厂水库水位已消落至1170.00m、778.00m，云南全网水电蓄能仅剩56亿kW·h，同比减少31亿kW·h。

进入5月，云南省内用电需求继续保持旺盛增长态势，省调平衡口径用电同比增长12.9%，网供最大负荷同比增长13.1%；受入汛偏晚影响，5月澜沧江、金沙江来水分别较多年平均同期水平偏枯4成、2成，5月下旬至6月上旬枯汛转换时期小湾、糯扎渡水电厂等主力水库已基本腾空库容，水电供电能力明显不足，云南电力供应面临较大缺口。2018年5月小湾水电厂水位变化如图4.3-1所示，2018年5月糯扎渡水电厂水位变化如图4.3-2所示。

风电、光伏是云南省内继水电、火电外的第三、第四大电源，2018年年初，云南省风电、光伏装机容量分别为822.54万kW、225.7万kW。枯汛转换期风电逐渐由大

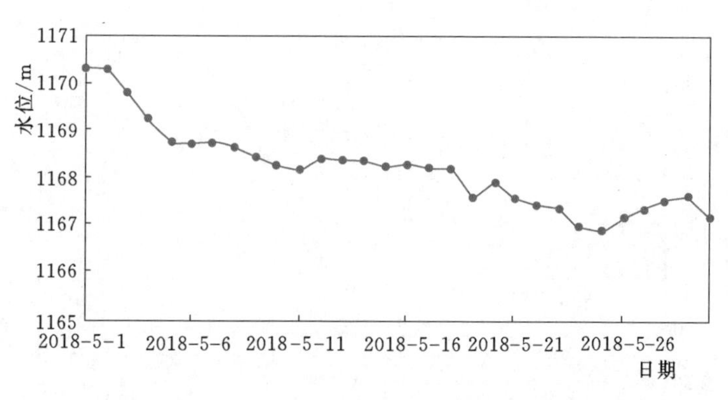

图 4.3-1　2018 年 5 月小湾水电厂水位变化

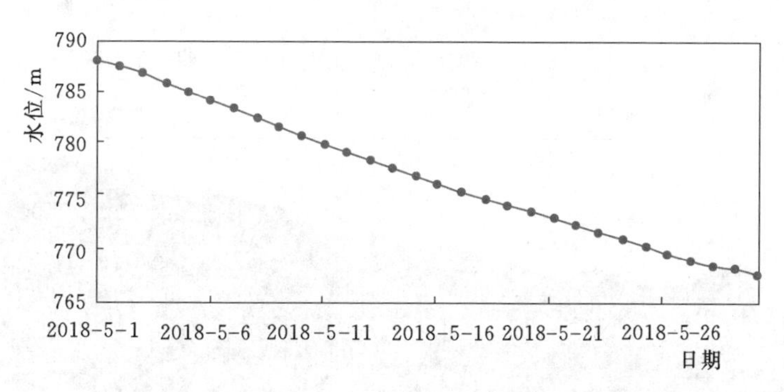

图 4.3-2　2018 年 5 月份糯扎渡水电厂水位变化

风期进入平风期，发电能力逐步下降，同时受气象因素影响，新能源日间出力波动大，难以为电网提供长期稳定的电力支撑。5 月，云南风电最大日电量为 1.27 亿 kW·h（5 月 15 日），最小日电量仅为 0.12 亿 kW·h（5 月 3 日）；光伏最大日发电量达 1192 万 kW·h（5 月 10 日），最小日发电量仅为 342 万 kW·h（5 月 3 日）。新能源出力减发及不确定性进一步加剧了电力供应困难。2018 年 5 月水电逐日发电量如图 4.3-3 所示，火电逐日发电量如图 4.3-4 所示，光伏逐日发电量如图 4.3-5 所示，风电逐日发电量如图 4.3-6 所示。

三、优化调度过程

面对严峻的电力供应形势，云南中调在南网总调的指导下，积极与云南省气象台、华能澜沧江集控、金中集控、金安桥水电厂等单位多次进行天气水情会商，滚动分析预测后期天气及来水形势，研判主要流域入汛时间。结合系统供电需要，持续优化梯级水电发电运行安排。5 月底澜沧江小湾、糯扎渡水电厂两大水库分别消落至死水位 1166.00m、765.00m 附近，金沙江中游梨园、阿海、金安桥、龙开口、鲁地拉、观音岩等水电厂水库于 5 月底至 6 月初全部腾空库容。5 月，因入汛偏晚、来水偏枯，云南中调平衡水电发电量为 142.2 亿 kW·h，同比（162.94 亿 kW·h）减少 12.73%，比年计划少发 19.49 亿 kW·h。

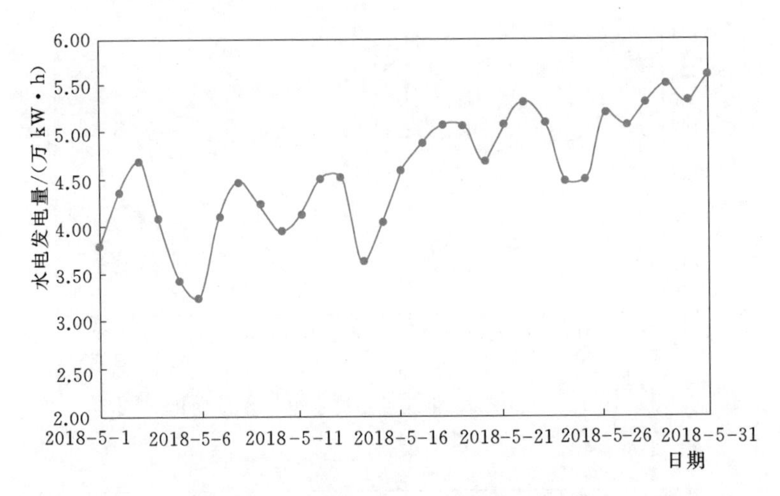

图 4.3-3　2018 年 5 月水电逐日发电量

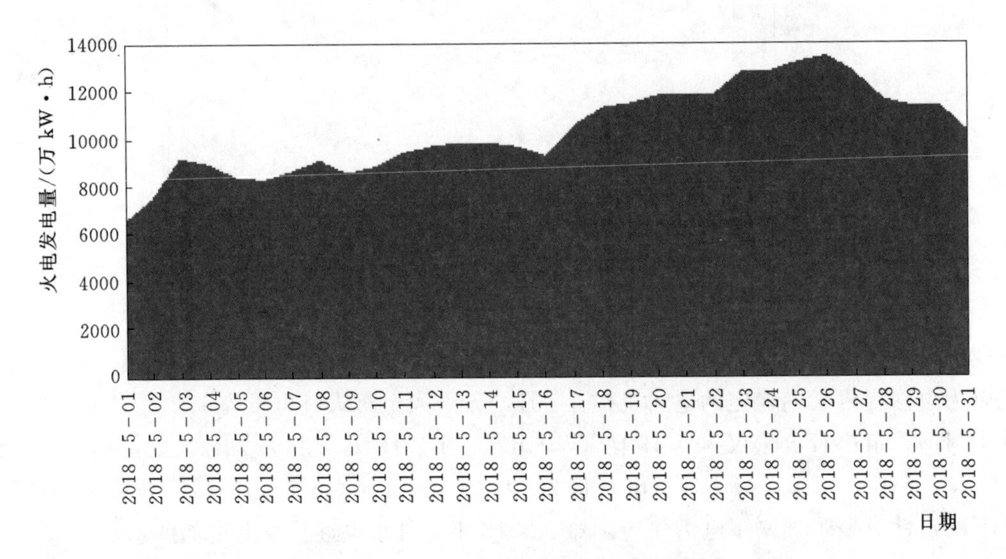

图 4.3-4　2018 年 5 月火电逐日发电量

积极协调政府相关部门和火电企业，全力增加火电供电能力。2013 年以后，云南水电产能大幅过剩，为落实国家消纳清洁水电要求，省内火电发电空间逐年锐减，技术人员大量流失，生产经营情况十分困难。云南中调积极向省能源局、省工信委报告电力供需情况，先后两次提交《关于提请协调云南电网统调火电电煤供应保障的报告》，协调政府督促电厂增加电煤储备。经各方共同努力，5 月统调火电来煤量 190.4 万 t，创 2014 年以来的新高水平。5 月 2 日，应急调用增开滇东、宣威、曲靖电厂各 1 台火电机组共 120 万 kW；5 月 23 日增开镇雄、昆明电厂火电机组 90 万 kW。5 月，统调火电最大开机容量达到 770 万 kW，开机率 62%。5 月，省内火电发电量达到 32 亿 kW·h，同比（15.55 亿 kW·h）增长 105.8%，比年计划增加 13.03 亿 kW·h。通过水火电联合优化调度，最大限度保障了云南省内电力供应。

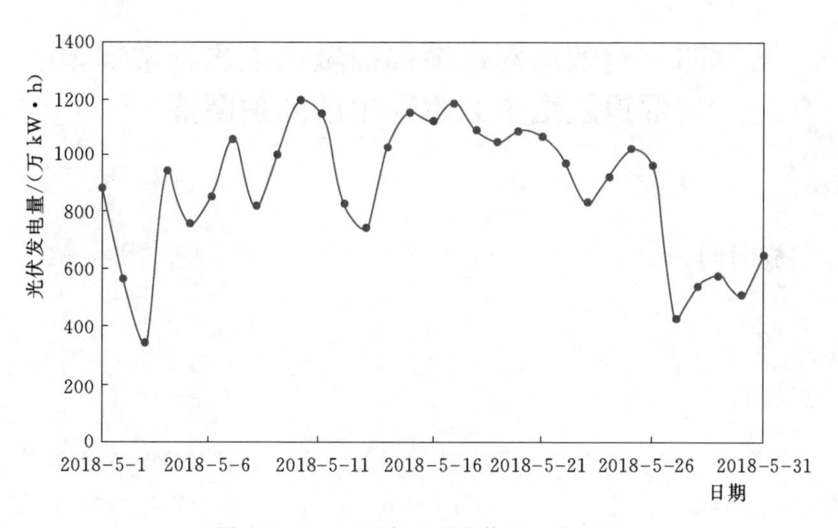

图 4.3-5　2018 年 5 月光伏逐日发电量

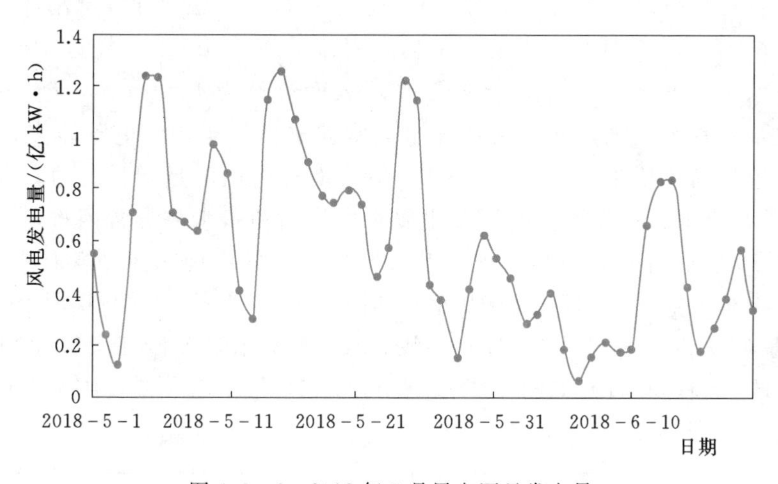

图 4.3-6　2018 年 5 月风电逐日发电量

四、优化调度成效

通过协同努力，云南中调全面深化水火电优化调度，积极采取协调加大电煤供应、增开火电机组等措施，在来水异常偏枯的情况下，最大限度地减少了入汛偏晚对系统安全稳定和电力供应的不利影响，避免了大范围拉闸限电的情况，保障了云南省内电力供应平稳有序供应，促进了社会经济发展。入汛前，小湾、糯扎渡水电厂等主力水库充分实现了消落腾库，水位较年初分别消落 59.34m、34.49m，比年计划分别多消落 13.99m、7.53m；云南水电蓄能较年初下降 201.79 亿 kW·h，比年计划多发电 26.74 亿 kW·h，为圆满完成 2018 年国家清洁能源消纳任务作出了积极贡献，为汛期减少弃水提供了有力的保障。

案例四　有效应对青藏高原融雪来水异常偏丰促进云南主力水库汛前消落腾库

一、实施时间

2019年1—6月。

二、实施背景

2019年年初，云南主要水库水位在高位运行，小湾、糯扎渡、溪洛渡等水电厂水库水位距正常蓄水位分别仅0.7m、2.3m、3m，云南水电蓄能同比增加81亿kW·h。另外，2018年冬季青藏高原积雪较常年同期偏多7成，为1979年以来最多。2019年4月中旬以后，青藏高原气温较常年明显偏高，积雪快速消融，导致澜沧江、金沙江干流来水大幅增加，4—5月小湾水电厂平均入库流量为955m^3/s，接近1953年有记录以来的最好水平1065m^3/s；梨园水电厂平均入库流量为1011m^3/s，创1954年有记录以来历史最好水平。上半年，两江来水异常偏丰叠加年初水电蓄能多，1—6月云南水电可发电量同比增加222亿kW·h，但云南省内用电量增长乏力，同比仅增加53亿kW·h，小湾、糯扎渡水电厂等主要水库汛前消落水位异常困难，完成《南方电网公司2019年清洁能源消纳专项行动方案》明确的汛前水位消落任务十分艰巨。青藏高原冬季积雪情况（1974—2019年）如图4.4-1所示，2019年澜沧江小湾水电厂入库流量（4月1日—5月30日）如图4.4-2所示，金沙江梨园水电厂入库流量（4月1日—5月30日）如图4.4-3所示，2019年小湾、糯扎渡水电厂水库水位过程如图4.4-4所示。

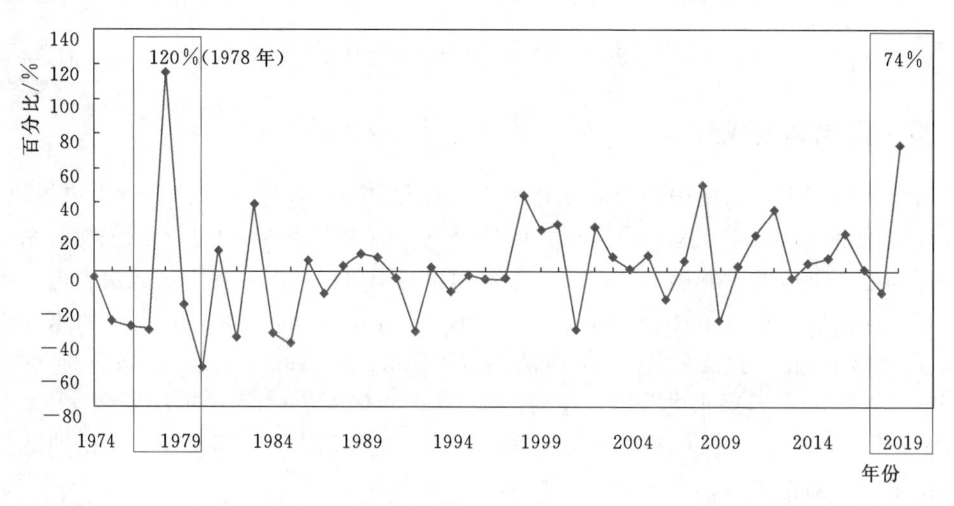

图4.4-1　青藏高原冬季积雪情况（1974—2019年）

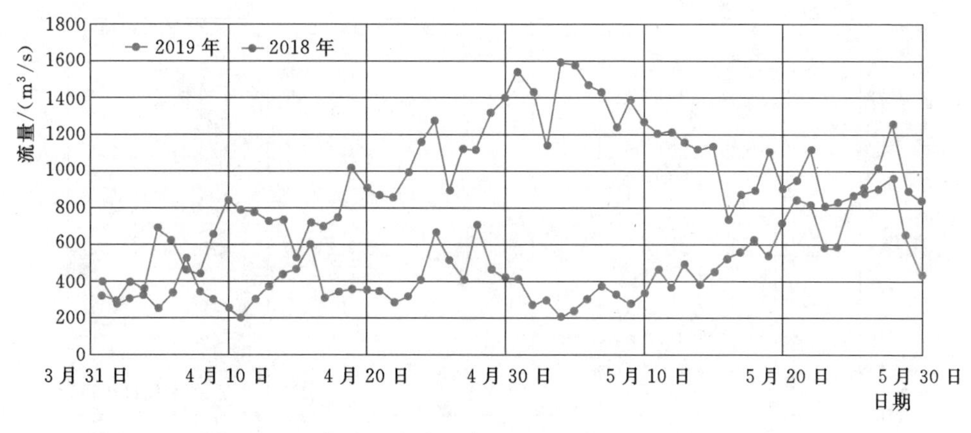

图 4.4-2 澜沧江小湾入库流量（4 月 1 日—5 月 30 日）

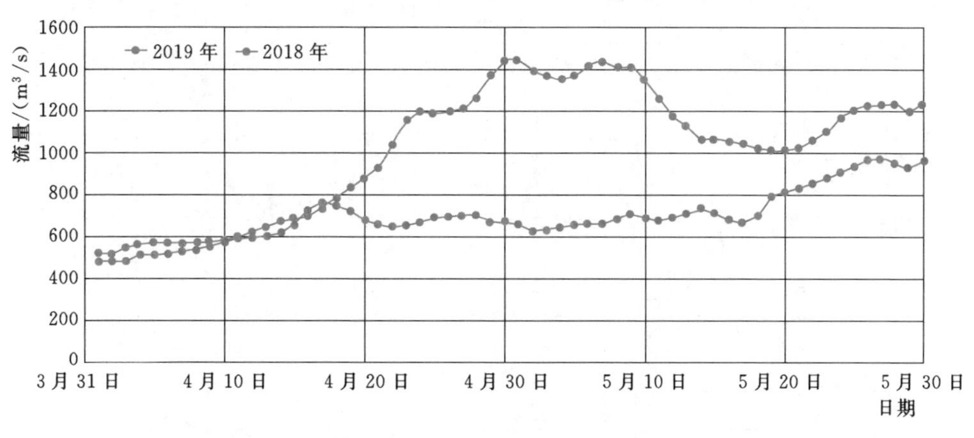

图 4.4-3 金沙江梨园入库流量（4 月 1 日—5 月 30 日）

三、优化调度过程

面对前所未有的汛前消落困难局面，南网总调会同各中调充分发挥南方电网电力优化配置大平台作用，大力实施跨省区联合优化调度，坚持全网“一盘棋”，多措并举消纳云南富余水电，促进主要水库消落水位。

针对澜沧江梯级主要水库消落周期长、难度大的情况，制定了“先消下游（年调节水库）后消上游（季调节水库）”的运行策略，每周分析水情变化并动态调整发电安排，为汛前消落提供指导原则；优化输变电设备及机组检修安排，协调超高压公司调整普侨、楚穗、牛从直流检修工期并压缩检修时间，优化缩减普洱换流站 GIL 设备整改工期 120 天，牛寨换流站更换工作推迟至汛后开展，最大限度减少输变电设备检修对水位消落的影响。华能澜沧江水电股份有限公司推迟小湾、糯扎渡水电厂部分机组检修，4 月云南西双版纳泼水节期间，积极协调地方政府，缩短了景洪水电厂流量控制时段并增加出库流量 $400m^3/s$，促进糯扎渡水电厂多消落水位 1.5m。

为全力消纳汛前云南富余水电，南网总调与市场交易部门紧密协作，发挥南方电网

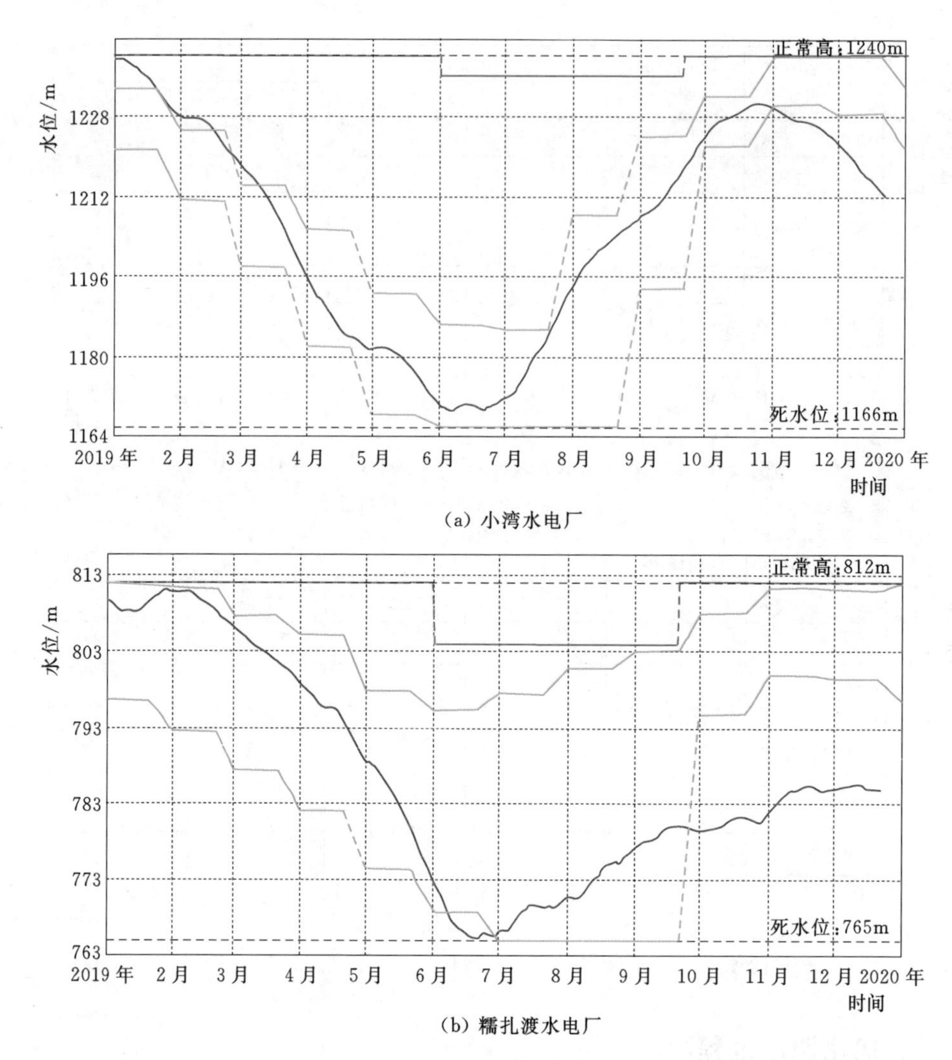

(a) 小湾水电厂

(b) 糯扎渡水电厂

图 4.4-4 2019 年小湾、糯扎渡水电厂水库水位过程

大平台作用，大力优化跨省区送电安排及全网水火电调度，安排云南水电大幅增送广东、广西，首次安排云南送海南 10 亿 kW·h，普侨、楚穗、新东三大直流满载运行比 2018 年提前 1 个月，大幅压减广东、广西、贵州火电发电，腾出空间消纳云南水电。2019 年上半年，楚穗、普侨通道利用小时数同比分别增加 829 小时、410 小时，1—6 月累计安排云南送电 637 亿 kW·h，较省政府间框架协议增送 196 亿 kW·h，同比多 176 亿 kW·h（增长 38%）；云南水电发电量 1085 亿 kW·h，比年计划多 175 亿 kW·h，同比多 223 亿 kW·h（增长 26%），有效促进了云南水电消纳和主要水库水位消落。

四、优化调度成效

通过采取有力措施，1—6 月小湾、糯扎渡水电厂发电量同比分别增加 48%、33%。6 月 21 日小湾水位降至 1169.40m，比消落目标水位 1170.00m 低 0.60m；6 月 20 日糯扎渡水电厂水位降至死水位 765.00m 附近，比消落目标水位 770.00m 低 5.00m。汛前，云南水电蓄能最低消落至26亿kW·h，较年初共消落274亿kW·h，比年计划多消落10亿kW·h，澜沧江梯级水库共腾出库容206亿m^3，为减少汛期弃水打下良好基础。

五、本案例其他有关情况

南方电网公司高度重视水电等清洁能源消纳，2019年初制定了《南方电网2019年清洁能源消纳专项行动方案》，出台了24项措施。其中，为减少云南弃水，明确汛前小湾、糯扎渡水电厂水库消落目标水位分别为1170.00m、770.00m。

2019年，云南省1—5月电量同比增长5.17%，低于预计1.78个百分点，通过优化，有效完成了在青藏高原融雪来水异常偏丰情况下的水库消落任务。

案例五　多电源联合优化调度化解强台风“山竹”期间弃水风险

一、实施时间

2018年9月12—26日。

二、实施背景

2018年9月15日，在台风影响广西前，根据广西气象预报：右江、左江、郁江未来3天的累积面雨量超过100mm，红水河、西江面雨量达到80mm。强台风“山竹”于9月16日晚上开始自东向西影响广西，大部出现大到暴雨，局部有大暴雨。强台风“山竹”是2018年进入广西最强台风、近5年进入广西第3强台风，“山竹”具有“生命史长，块头大、强度强”的特点，在广西有“大风范围广、过程雨量大、强降雨范围广”的特点。

受强台风影响，9月3日最大降雨量环江县下南乡站达420mm，30个直调水电厂中有13个水电厂的3日累计库区面雨量达到100mm以上，其中下桥水电厂面雨量达到140mm，红水河中下游岩滩、大化、乐滩、桥巩水电厂面雨量均超过100mm。广西龙江、柳江、郁江、左江、西江等流域区间来水明显增加，最大入库流量分别达到4000m^3/s、6500m^3/s、4000m^3/s、3000m^3/s、15000m^3/s。与此同时，广西全区范围的强降雨致使电网负荷大幅跳水，负荷下降2500MW至3500MW，最大下降幅度高达20%。强台风期间广西负荷变化情况如图4.5-1所示，岩滩水电厂雨量及水位变化过程如图4.5-2所示。

三、优化调度过程

（1）预泄腾库：为应对本次强降雨给广西各流域带来的影响，广西中调12日开始安排红水河、郁江梯级水电厂预泄腾库，14日开始安排融江、龙江等水电厂腾库降水位。其中：岩滩、西津、红花、融江梯级、龙江梯级水电厂分别腾库2.9亿m^3、1.1亿m^3、0.8亿m^3、1.1亿m^3、0.5亿m^3，郁江、柳江、融江、龙江、西江等水电厂洪前预泄增发电量分别为400万kW·h、900万kW·h、800万kW·h、600万kW·h、

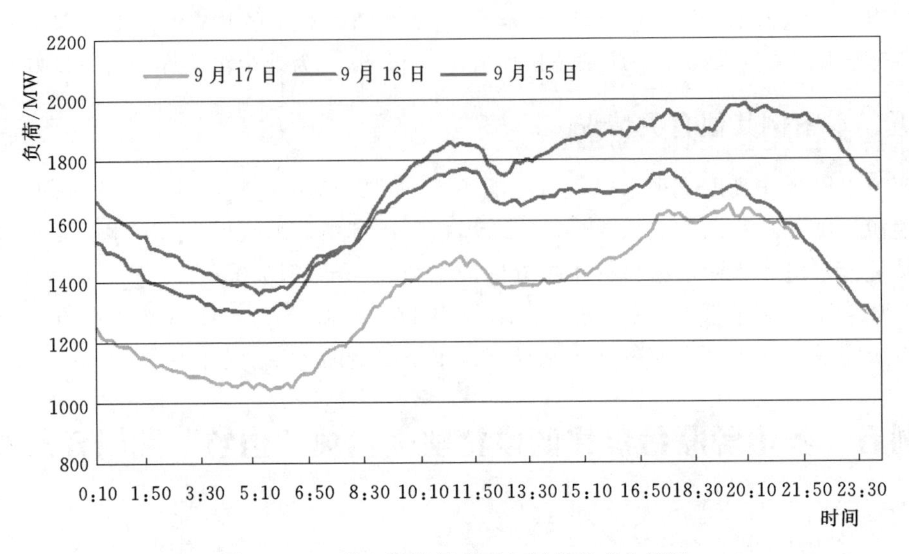

图 4.5-1 强台风期间广西电网负荷变化情况

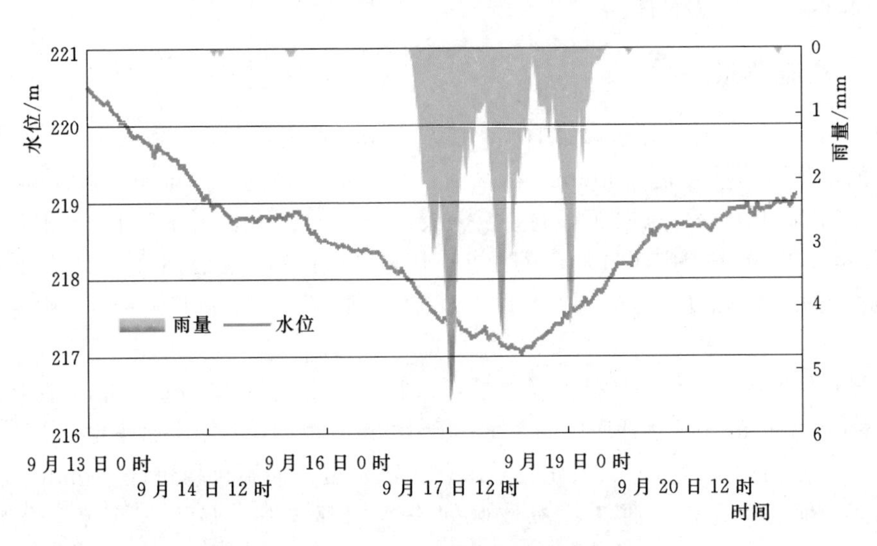

图 4.5-2 岩滩水电厂雨量及水位变化过程

1300 万 kW·h，累计达 4000 万 kW·h。红花水电厂洪前预泄调度过程如图 4.5-3 所示。

（2）梯级优化：根据雨前预泄调度、雨后滚动调整的梯级优化调度策略，结合中短期天气预测，考虑到台风雨可能给全区带来的强降雨和弃水压力，广西中调科学决策、未雨绸缪，9 月 12 日开始加大岩滩水电厂发电流量，并在 9 月 16 日晚台风影响前把岩滩水电厂水位降至 218.00m 附近，腾库 2.9 亿 m^3，为台风影响期间和来水后避免水电弃水、全额消纳水电创造了有利条件。9 月 17—26 日的强降雨给红水河中下游累计增加水量 8.5 亿 m^3，其中岩滩、大化、百龙滩、乐滩、桥巩水电厂区间分别新增 3.5 亿 m^3、1.5 亿 m^3、0.3 亿 m^3、2.8 亿 m^3、0.5 亿 m^3 天然来水。为避免弃水，南网总调及时调

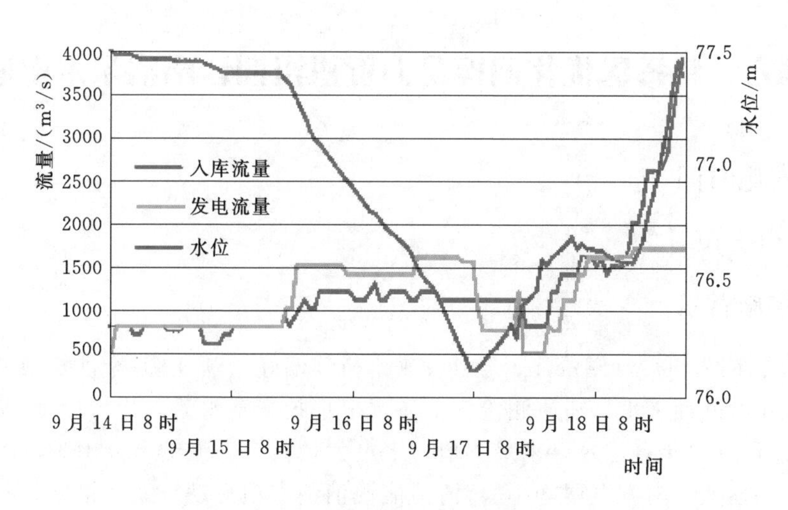

图 4.5-3　红花水电厂洪前预泄调度过程

减龙滩水电厂发电计划，龙滩水电厂发电流量从 $1300m^3/s$ 调减至 $850m^3/s$。广西中调滚动优化水电计划、方式专业人员克服电网负荷轻的困难并在日前保证安排水电全部可发电量、调度在日内按水电最大能力发电，最终实现红水河中下游水电厂区间来水 100%利用、实现水电全额吸纳，岩滩、大化、乐滩、桥巩水电厂分别多发电 5000 万 kW·h、2800 万 kW·h、4000 万 kW·h、3200 万 kW·h，累计多发电 1.5 亿 kW·h。

(3) 水火核及西电联合调度：面对水电大幅增加和严峻的弃水压力，广西中调方式、调度、水调各专业克服全网负荷下降、水火风电矛盾突出的困难，加大火电调峰幅度以全额吸纳水电，火电开机容量从 9200MW 下降至 6200MW，火电低谷出力由最高 4500MW 调减至最低的 2300MW；核电按照 80%负荷率调峰运行。

(4) 广西中调水调、方式、调度各专业分别与南网总调对应处室协调优化西电、云电、核电发电，西电、云电总和平均出力从 2200MW 下降至 1400MW，龙滩水电厂送电份额临时调整为转送广东，多措并举，实现水电的全额吸纳。9 月 16—18 日，火电少发电量 1.45 亿 kW·h，核电少发电量 0.15 亿 kW·h，调减龙滩水电厂发电而少发电量 0.3 亿 kW·h，调减云电电量 0.1 亿 kW·h，通过这些措施累计减少调峰弃水 2 亿 kW·h。

四、优化调度成效

广西中调从 12 日开始逐步对红水河、郁江、融江、龙江梯级水电厂预泄腾库。通过采取洪前预泄、梯级优化等措施提高水能利用率，实现水电增发电量约 4000 万 kW·h。通过优化调度，实现红水河中下游区间来水 100%消纳，化解全网统调水电的调峰弃水风险，实现水电全额吸纳，多发水电约 1.5 亿 kW·h。优化增发水电电量累计达 1.9 亿 kW·h，实现水电的全额吸纳，避免调峰弃水。通过优化火电、核电、西电、云电发电，累计减少调峰弃水 2 亿 kW·h。

案例六　跨省区优化调度全力促进汛期云南富余水电消纳

一、实施时间

2018年6—10月。

二、实施背景

2018年云南入汛后，澜沧江、金沙江来水持续偏好，6—10月金沙江梨园水电厂断面、澜沧江小湾断面来水（还原澜沧江上游水电厂投产蓄水后）均为近15年最好，金沙江来水接近1954年有记录以来最丰值，水电大量富余，消纳十分困难。南网总调会同各中调严格落实《南方电网2018年清洁能源消纳专项行动方案》措施，积极开展流域梯级及跨流域优化调度，大力实施跨省区水火核蓄联合优化调度，加大云贵水火置换和外送电量力度，充分发挥南方电网省间电力互济大平台作用，举全网之力消纳汛期云南富余水电。2018年汛期（6—10月）云南两江来水统计见表4.6-1。

表4.6-1　2018年汛期（6—10月）云南两江来水统计

流域	数据项	6月	7月	8月	9月	10月	汛期6—10月
澜沧江	2018年来水/(m^3/s)	1879	3432	4146	3858	2760	3215
	多年平均流量/(m^3/s)	1959	3430	4140	3460	2600	3118
	与多年平均相比/%	−4	0	0	11	6	3
	2017年来水/(m^3/s)	2087	3875	3446	3289	1998	2939
	同比/%	−10	−11	20	17	38	9
金沙江	2018年来水/(m^3/s)	1525	3872	3723	4335	2498	3191
	多年平均流量/(m^3/s)	1660	2980	3280	2940	1760	2524
	与多年平均相比/%	−8	30	14	47	42	26
	2017年来水/(m^3/s)	1920	3261	2806	3239	1930	2631
	同比/%	−21	19	33	34	29	21

三、优化调度过程

6月17日，云南入汛以后，金沙江梯级以及省内中小流域水电调节能力不足、水电发电需求快速增加，南网总调与云南中调充分发挥澜沧江小湾、糯扎渡水电厂水库调节能力，两大水库水位分别以每天0.62m、0.37m的速度快速上涨，腾出发电空间安排金沙江、元江、伊洛瓦底江等省内调节能力不足水电厂多发、满发，最大限度延缓弃水时间。小湾水电厂水库水位过程如图4.6-1所示，糯扎渡水电厂水库水位过程如图4.6-2所示。

另外，7—8月贵州乌江来水大幅偏枯5成左右，广西红水河出现了阶段性偏枯的情况。在贵州、广西弃水风险可控的情况下，南网总调与各中调紧密协作，根据

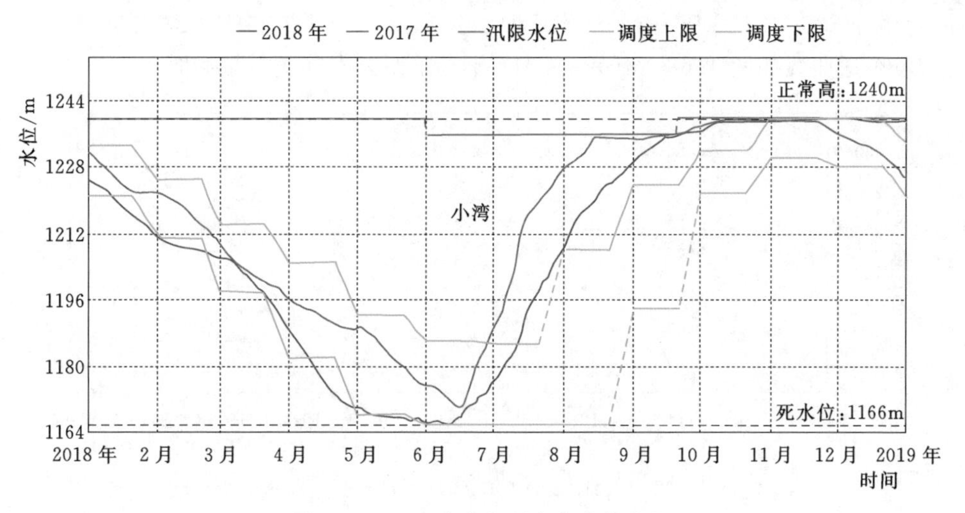

图 4.6-1 小湾水电厂水库水位过程

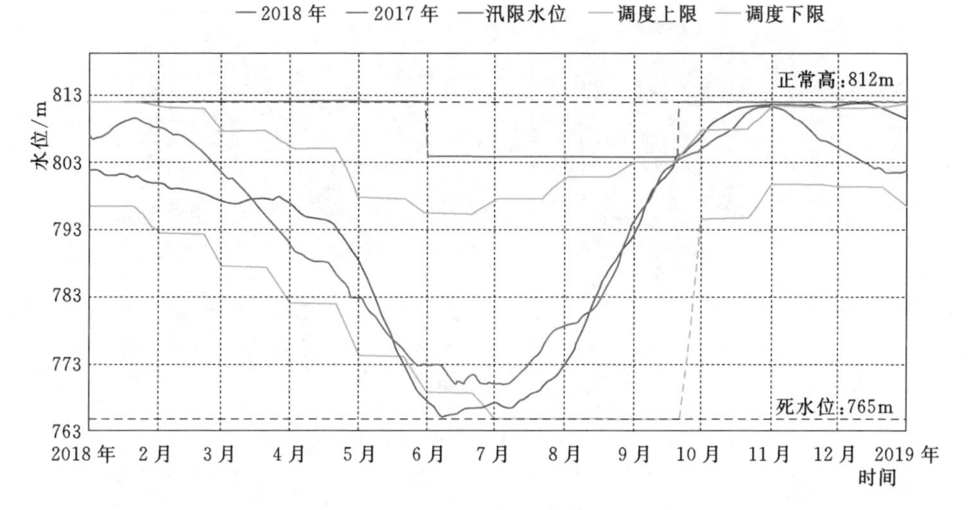

图 4.6-2 糯扎渡水电厂水库水位过程

各流域水情差异，大力实施跨省区跨流域优化调度，安排来水偏枯、水库水位较低的贵州水电、红水河龙滩水电厂减发，加大云贵水火置换力度，进一步减少云南弃水。

9月，澜沧江、金沙江流域来水异常偏丰约1成、5成，9月14日小湾水电厂水库蓄满失去调蓄能力，水电消纳难度进一步增加。针对严峻弃水形势，南网总调会同各中调严格落实公司清洁能源消纳举措，安排广东、广西火电机组大量停机、核电调峰运行，进一步加大云南增送广东、广西电量和云贵水火置换力度，云南外送通道长期压电网安全运行极限运行，最大外送电力达到3127万kW，是省内最大用电负荷的1.7倍，最大限度减少云南弃水。汛末，云南主力水库全部蓄满，其中小湾、糯扎渡水电厂水库分别蓄水74m、47m，云南水电蓄能较汛前增加308亿kW·h，6—10月云贵水火置换电量达到43.5亿kW·h，云南外送电量较省政府间框架协议累计增送203.84亿kW·

h，同比增加 208.26 亿 kW·h，显著减少了云南弃水。汛期末日（2018 年 8 月 22 日）云南西电东送曲线如图 4.6-3 所示，2018 年主汛期云南外送电量如图 4.6-4 所示。

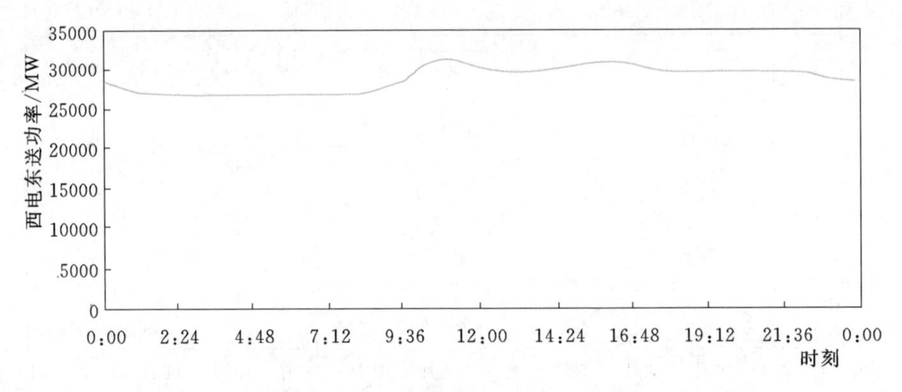

图 4.6-3 汛期末日（2018 年 8 月 22 日）云南西电东送曲线

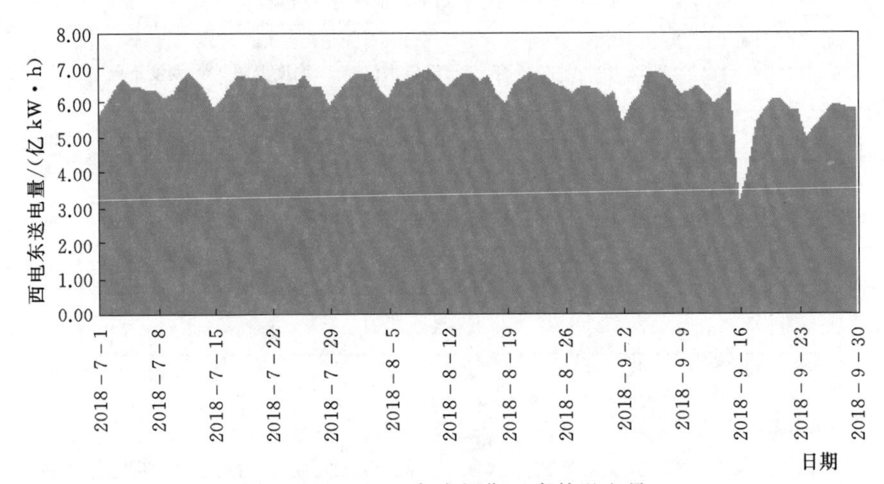

图 4.6-4 2018 年主汛期云南外送电量

注：9 月 16 日强台风"山竹"登陆广东，为保证电网安全运行，云南外送有所调减。

四、优化调度成效

通过采取有力措施，在汛期云南澜沧江、金沙江来水同比分别增加 1 成、2 成的情况下，小湾水电厂弃水时间较 2017 年延后 1 个月，并避免了多年调节水库糯扎渡水电厂弃水，云南水电弃水电量同比减少 40%，全年水能利用率达到 93.06%，比国家发展和改革委员会、能源局《清洁能源消纳专项行动计划（2018—2020 年）》明确的水能利用率 92%高出 1.06 个百分点，圆满完成了 2018 年弃水控制任务，水电清洁能源消纳工作成效得到了国家部委、云南省政府以及各发电企业的高度肯定。

第五章 水库综合用水及应急调度

我国大江大河干流水库除发电外，往往承担防洪、抗旱、航运、生态以及生产生活用水等综合利用任务。水库综合用水及应急调度是指根据综合用水主管部门要求，优化水电厂发电安排，控制水库水位和出库流量，充分发挥水库综合效益，实现社会效益最大化。

案例一　澜沧江-湄公河抗旱应急水量调度

一、实施时间

2016年3月15日—5月31日。

二、实施背景

1. 应急调度背景

2014年秋至2016年6月发生了极强厄尔尼诺现象，受此影响湄公河下游地区旱情严重。2016年3月应越南方面请求，国家防汛抗旱总指挥部（以下简称“国家防总”）商外交部研究后决定实施澜沧江梯级水电厂水量应急调度，助力下游国家缓解旱情。根据国家防总下发的相关调度指令，此次应急调度分三个阶段开展：第一阶段为3月15日—4月10日，第二阶段为4月11—20日，第三阶段为4月21日—5月31日。应急调度期间景洪水电厂水库调度过程线如图5.1-1所示。

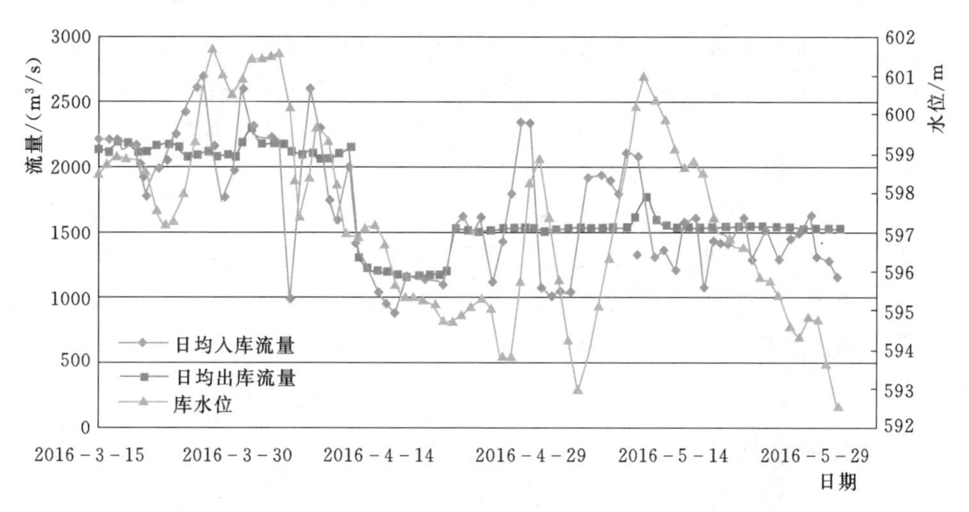

图5.1-1　应急调度期间景洪水电厂水库调度过程线

2. 存在的主要问题和困难

（1）此次应急调度前后历时78天，时间跨度长，流量要求高，需通过整个梯级水电厂联合调度保障流量。

（2）期间正值机组、线路检修高峰，糯扎渡水电厂、景洪水电厂均需要保持较高负荷率，对机组检修、线路检修安排有很大影响。

（3）期间恰逢南方电网异步联网试验、楚穗直流现场联调等工作，影响普侨、楚穗等直流线路送出能力，对各水电厂出力情况有特殊要求。糯扎渡水电厂出库流量波动非常大，但景洪水电厂出库流量必须保持平稳，这对景洪水电厂有限的调节库容来说困难极大。

（4）第二阶段应急调度结束后，糯扎渡水电厂剩余调节库容十分有限，需要合理确定第三阶段应急调度的控制流量，以实现既能满足下游用水需求，又能保证梯级水库正常运用。

三、优化调度过程

（1）加强协调沟通，认真制订应急调度方案。应急调度期间，南网总调、云南中调、华能澜沧江集控等进行了充分沟通，共同制定分阶段的应急补水调度方案并上报云南省防汛抗旱指挥部，确保应急调度工作的顺利开展。

（2）做好应急调度准备工作，确保下泄流量。应急调度期间加强机组巡视检查工作，编制专项应急预案，做好各项应急准备工作，提前检查泄洪设施工作状态，保障紧急情况下可及时开启闸门应急补水。为确保不同水头下均能满足流量要求，调度过程中留足流量偏差裕度，确保万无一失。

（3）统筹协调，优化梯级运行方式。为应对糯扎渡水电厂出库流量波动大的不利影响，南网总调组织云南中调、华能澜沧江集控等会商，研究制定了异步联网试验、节假日期间的梯级运行方案，利用景洪水电厂调节库容保证向下游平稳供水。

（4）为尽可能减小机组、线路检修对应急调度的影响，经过充分的分析研究，南网总调协调将原计划在4月上旬、5月底开展的糯普丙线、糯普乙线检修调整至流量控制要求较小的4月中旬，灵活调整了糯扎渡水电厂机组保护定检、小湾水电厂母线检修、景洪水电厂机组参数停机修改等工作的开展时间。

（5）第二阶段应急调度结束后，糯扎渡水电厂水库水位已消落至较低水位，调节能力十分有限，为确保第三阶段应急调度的顺利实施，华能澜沧江集控根据流域天气及来水预测、梯级水库消落等精细测算了第三阶段应急调度方案，南网总调、云南中调根据系统电力需求、电力电量平衡、线路送出等情况对调度方案进行了优化和完善。

四、优化调度成效

1. 应急调度工作成效

5月31日，云南省防汛抗旱指挥部办公室下发《关于终止澜沧江梯级水电厂水量应急调度的通知》，标志着三个阶段、前后历时 78 天的应急水量调度工作圆满结束，极大缓解了下游国家的旱情。

2. 经济效益

应急调度期间，通过优化整个澜沧江梯级水电厂运行方式和机组、线路检修，保证了水库有序消落和电力供应；充分利用景洪水电厂水库有限的调节库容优化糯扎渡水电厂、景洪水电厂的运行方式，应急调度全部供水量均通过发电下泄，未产生枯期弃水；糯扎渡水电厂实现了充分消落，为避免糯扎渡水电厂汛期弃水创造良好条件。

3. 社会综合效益

此次应急调度的顺利实施极大缓解了下游越南、泰国、柬埔寨等国家因厄尔尼诺现象引发的旱情，赢得了下游国家的广泛赞誉，得到了湄公河委员会的书面感谢；彰显了澜沧江梯级水电厂有助于保持湄公河流量稳定、有利于湄公河国家防汛和抗旱的重要作用。湄公河委员会感谢信如图 5.1-2 所示。

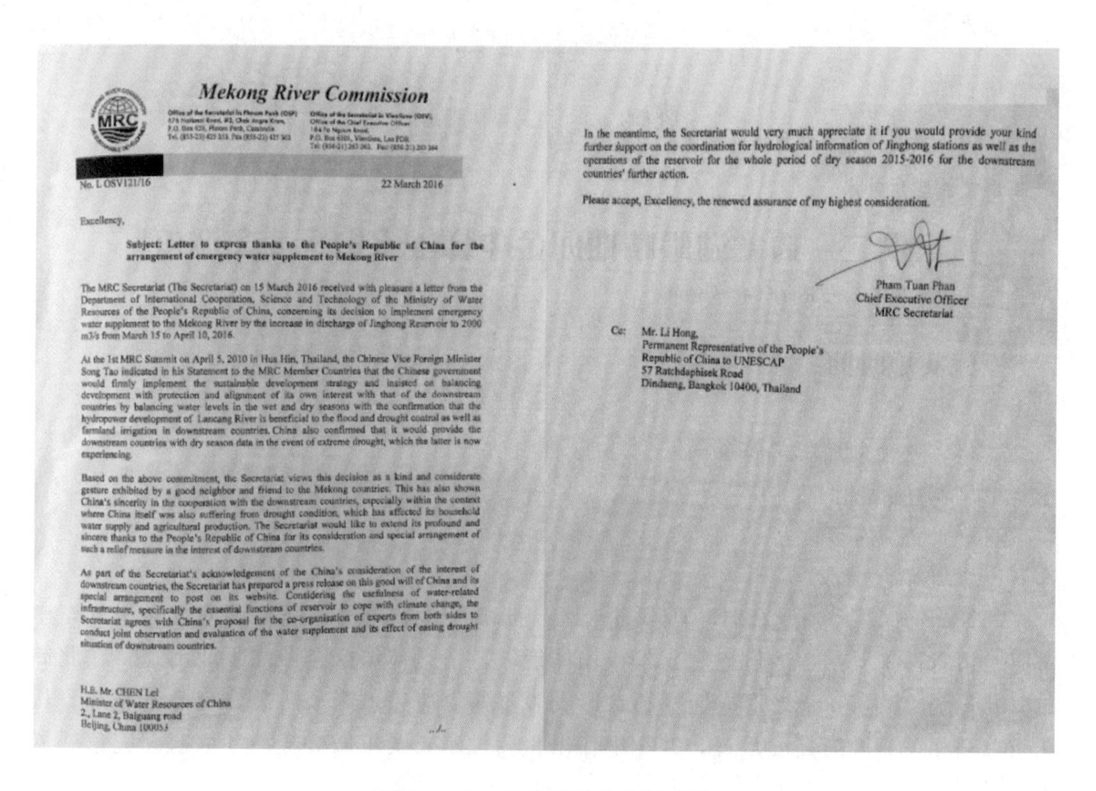

Mekong River Commission

No. L OSV121/16

22 March 2016

Excellency,

Subject: Letter to express thanks to the People's Republic of China for the arrangement of emergency water supplement to Mekong River

The MRC Secretariat (The Secretariat) on 15 March 2016 received with pleasure a letter from the Department of International Cooperation, Science and Technology of the Ministry of Water Resources of the People's Republic of China, concerning its decision to implement emergency water supplement to the Mekong River by the increase in discharge of Jinghong Reservoir to 2000 m3/s from March 15 to April 10, 2016.

At the 1st MRC Summit on April 5, 2010 in Hua Hin, Thailand, the Chinese Vice Foreign Minister Song Tao indicated in his Statement to the MRC Member Countries that the Chinese government would firmly implement the sustainable development strategy and insisted on balancing development with protection and alignment of its own interest with that of the downstream countries by balancing water levels in the wet and dry seasons with the confirmation that the hydropower development of Lancang River is beneficial to the flood and drought control as well as farmland irrigation in downstream countries. China also confirmed that it would provide the downstream countries with dry season data in the event of extreme drought, which the latter is now experiencing.

Based on the above commitment, the Secretariat views this decision as a kind and considerate gesture exhibited by a good neighbor and friend to the Mekong countries. This has also shown China's sincerity in the cooperation with the downstream countries, especially within the context where China itself was also suffering from drought condition, which has affected its household water supply and agricultural production. The Secretariat would like to extend its profound and sincere thanks to the People's Republic of China for its consideration and special arrangement of such a relief measure in the interest of downstream countries.

As part of the Secretariat's acknowledgement of the China's consideration of the interest of downstream countries, the Secretariat has prepared a press release on this good will of China and its special arrangement to post on its website. Considering the usefulness of water-related infrastructure, specifically the essential functions of reservoir to cope with climate change, the Secretariat agrees with China's proposal for the co-organisation of experts from both sides to conduct joint observation and evaluation of the water supplement and its effect of easing drought situation of downstream countries.

H.E. Mr. CHEN Lei
Minister of Water Resources of China
2., Lane 2, Baiguang road
Beijing, China 100053

In the meantime, the Secretariat would very much appreciate it if you would provide your kind further support on the coordination for hydrological information of Jinghong stations as well as the operations of the reservoir for the whole period of dry season 2015-2016 for the downstream countries' further action.

Please accept, Excellency, the renewed assurance of my highest consideration.

Pham Tuan Phan
Chief Executive Officer
MRC Secretariat

Cc: Mr. Li Hong,
Permanent Representative of the People's Republic of China to UNESCAP
57 Ratchdaphisek Road
Dindaeng, Bangkok 10400, Thailand

图 5.1-2　湄公河委员会感谢信

此次应急调度彰显了我国作为负责任大国的胸怀，加深了澜沧江-湄公河沿岸六国人民之间的感情，对 2016 年 3 月正式启动的“澜沧江-湄公河合作机制”的建设和推进具有相当的积极意义。相关媒体报道如图 5.1-3 所示。

综述：越南各界热赞中国湄公河应急补水抵越

中央政府门户网站 www.gov.cn 2016-04-06 11:26 来源：新华社

【字体：大 中 小】 打印

新华社河内4月6日电（记者 章建华 闫建华）应越南方面请求及为照顾流域国家关切，中国政府克服自身困难，通过中方境内景洪水电站对湄公河下游实施应急补水。此举将惠及越南、老挝、缅甸、泰国、柬埔寨等多个国家。日前，中方应急补水已顺利抵越。对于中国此举，越南各界纷纷给予热赞。

2015年底以来，受强厄尔尼诺现象影响，澜沧江-湄公河流域各国均遭受不同程度旱灾。近期，旱情与海水倒灌进一步严重，极大影响到相关地区的民众生产生活。越南媒体说，越南南部的湄公河三角洲正遭遇百年来最严重旱情。

“湄公河的水位确实提高了，”同塔省是越南第一个迎来补水的省份，该省农业和农村发展厅灌溉处处长黎文雄5日接受新华社记者采访时说。

同塔省农民黎文林说，水渠干枯令他心急如焚，因为雨季还要一个月后才能到来，而现在“水位提高了30厘米，这里的百姓很高兴”。该省农业官员阮文钵也说，湄公河上游补水大量流入，水位比以前提升了20至30厘米，这对当地农民的夏秋水稻很有利。

1/1

图 5.1-3 相关媒体报道

案例二 堰塞湖险情期间金中梯级水电厂应急调度

一、实施时间

2018 年 10 月 11—16 日。

二、实施背景

1. 应急调度背景

2018 年 10 月 10 日 22 时，西藏自治区昌都市江达县白格村境内金沙江右岸（左岸对应四川省白玉县绒盖乡则巴村）发生山体滑坡，滑坡体堵塞金沙江干流河道，在北纬 31.196°、东经 98.605°处形成堰塞湖。形成堰塞湖险情后，国家防总、应急管理部、长江防总和相关省政府高度重视，并相继作出重要批示，要求做好金沙江堰塞湖应急处置相关工作。

堰塞湖的滑坡发育于金沙江右岸，距离上游藏曲河口约 17km，距离下游降曲河口约 54km。滑坡后缘高程约 3600m，前缘至江边（原始江面约高程 2880m）。滑坡高位高速下滑入江，形成堰塞坝，堰塞坝顺河堆积长度近千米，总体左高右低，估测最大高度大于 100m。10 月 11 日 21 时，堰塞湖蓄水约 1 亿 m^3。严重威胁上下游群众生命财产安全。

2. 堰塞湖期间流量变化过程

10月12日17时以后，堰塞湖湖水已从龙口自然溢出，溢出水流速度约为$30m^3/s$，10月13日0时之后，过水流量继续持续增大，出现溃坝的可能性大幅降低。10月13日6时，过流流量最大涨至$10000m^3/s$，此后开始消退，10月13日14时30分基本退至基流$1720m^3/s$。

受堰塞湖截流影响，天然河道的水文特性发生明显变化，河道流量由原来的平稳退水过程，变化为堰塞湖泄流引发的明显的洪水过程。堰塞湖蓄水时，下游河道流量一度消减，其下游奔子栏水文站在10月11日0时流量为$2607.8m^3/s$，到10月14日凌晨1时退减至最小$656.40m^3/s$。后期，由于堰塞湖自然泄流影响，下游测站流量持续增加，10月13日15时金沙江巴塘水文站流量上涨至$7850m^3/s$，10月14日9时奔子栏水文站洪峰流量达到最大$5876m^3/s$，10月15日1时金沙江石鼓水文站流量上涨至$5220m^3/s$。

梨园水电厂位于奔子栏水文站下游320km处，堰塞湖形成时，梨园水电厂入库流量约为$2800m^3/s$，受堰塞体阻断江水影响，流量最低降至$1000m^3/s$左右，溃堰后产生洪峰，经河道坦化传至梨园后，10月15日10时左右上涨至洪峰流量$4850m^3/s$。金沙江堰塞湖期间岗拖—梨园洪水过程如图5.2-1所示。

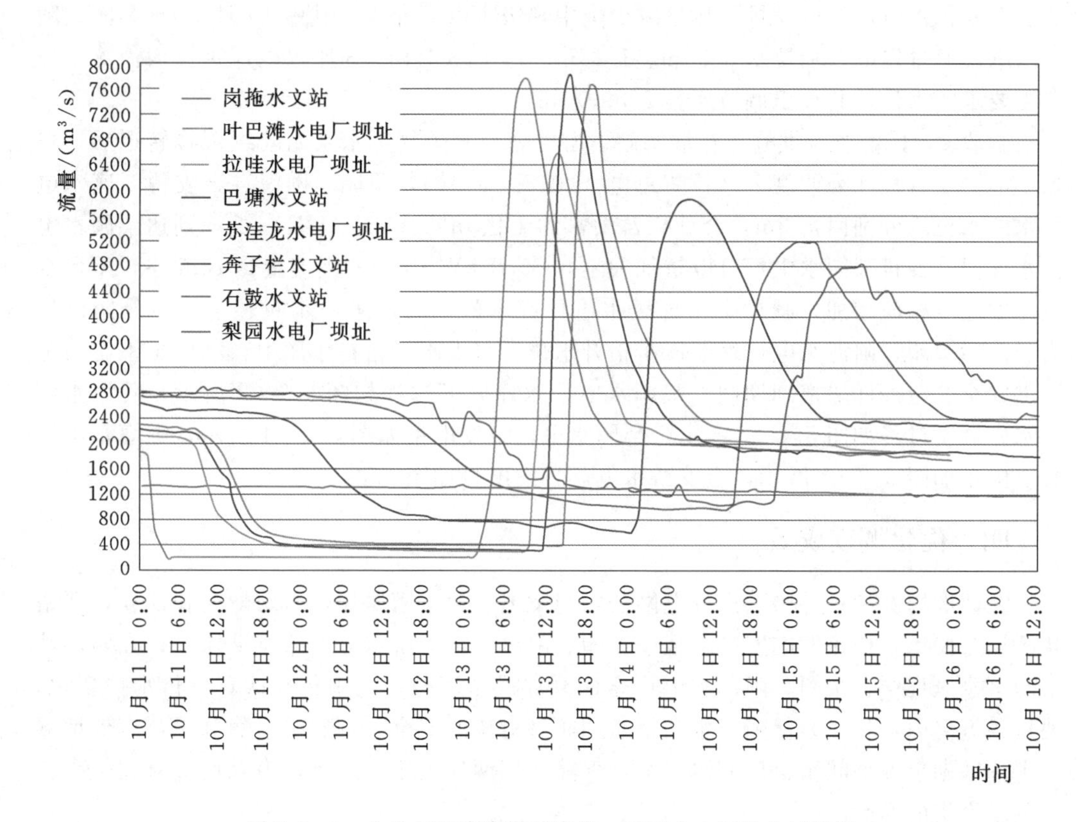

图5.2-1 金沙江堰塞湖期间岗拖—梨园水电厂洪水过程图

三、优化调度过程

为应对堰塞湖引发的洪水，长江委在10月12日17时发布调度令（长防总电〔2018〕59号），要求梨园、阿海、金安桥水电厂水库水位在10月14日8时前分别按1612.00m、1500.00m、1412.00m控制；10月14日12时长江委再次发出调度令（长防总电〔2018〕60号），要求梨园、阿海、金安桥水电厂水库水位10月15日8时前分别按1614.00m、1502.00m、1414.00m控制。南方电网公司及金沙江中游水电开发有限公司、金安桥水电站有限公司高度重视此次事件并积极响应，主动配合防洪部门的有关要求，保障防洪安全。主要调度实施过程可分为以下两个阶段：

阶段1，提前腾库。为将梨园、阿海、金安桥水电厂的水位消落到长江委调令要求控制的目标水位，南网总调、云南中调积极协调，充分发挥南网大平台优势，进一步深化跨省（自治区）发电资源优化配置，优化云电送广东电力电量和省内水火电发电安排。10月13日、10月14日（周末）两日云南外送电量较10月12日（周五）增加了约4000万kW·h；10月13日起，编制日前计划安排时，进一步优化梨园、阿海、观音岩水电厂的日负荷曲线，低谷不再安排深度调峰运行。

10月13—15日，通过协调最大限度增送西电，根据水情滚动调整和优化梨园、阿海、金安桥水电厂发电安排，尽量减少金中梯级水电厂弃水，其中10月13日梨园、阿海水电厂通过发电分别拉水3.30m、1.15m。14日8时前，3座水电厂水位均消落至长江委要求的水位，共腾出调节库容2.89亿m^3。

阶段2，拦蓄溃堰洪峰。在堰塞湖下游巴塘、奔子栏等水文站陆续现峰转退后，根据10月14日长江委调度令（长防总电〔2018〕60号），梨园、阿海、金安桥3座水电厂水库水位均分别回蓄2m，合计拦蓄洪水约1亿m^3。10月15日，洪峰到达梨园水电厂水库时，安排梨园水电厂日电量加大至5070万kW·h，发电流量2012m^3/s，下游水电厂发电量相应增加，减少金中梯级水电厂弃水的同时，进一步减轻了水电厂防洪压力。之后梨园、阿海水电厂继续逐步抬升水位，将洪水拦蓄在水库中，确保了下游河道防洪安全。金沙江堰塞湖期间，梨园水电厂水库调度过程如图5.2-2所示，阿海水电厂水库调度过程如图5.2-3所示，梨园水电厂日发电量如图5.2-4所示，阿海水电厂日发电量如图5.2-5所示，金安桥水电厂日发电量如图5.2-6所示。

四、优化调度成效

在此次堰塞湖事件中，南方电网公司与发电企业紧密协作，密切配合长江委，严格执行调令要求，优化发电安排减轻了梨园、阿海、金安桥水电厂的泄洪压力；在防洪消落与蓄水过程中，梨园、阿海水电厂全面开展设备巡查，金中集控认真分析水情变化，通过各方努力，尽全力保障了水利枢纽和防洪对象的安全，实现了平稳度汛，有效地减小了堰塞湖事件期间水电厂弃水损失，保障了厂网安全稳定运行，为今后应对此类事件提供了宝贵的经验。

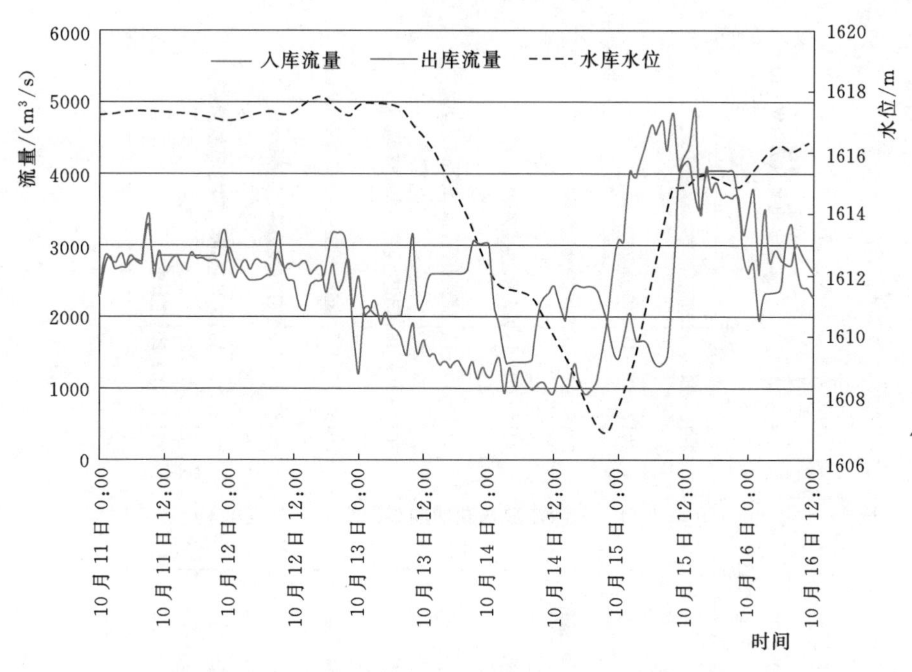

图 5.2-2　金沙江堰塞湖期间梨园水电厂水库调度过程图

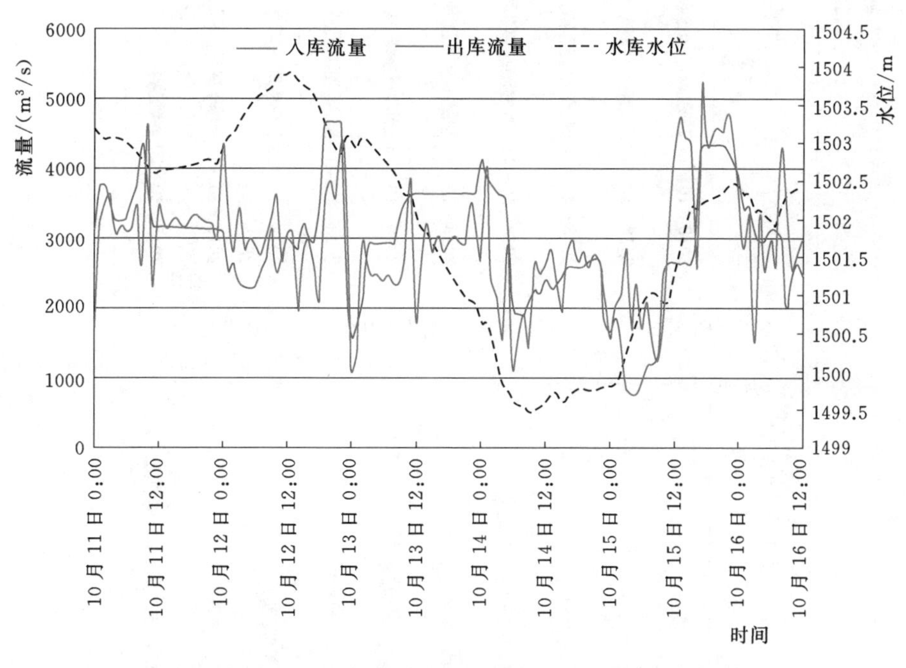

图 5.2-3　金沙江堰塞湖期间阿海水电厂水库调度过程图

五、本案例其他有关情况

该类水库调度适用于水电厂水库上游因暴雨形成洪水以及突发地质灾害导致的堰塞湖或溃坝形成洪水时的水库调度。

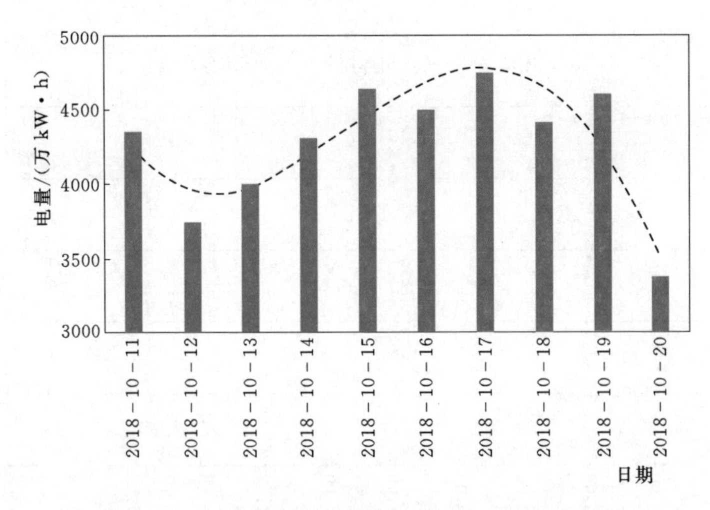

图 5.2-4 金沙江堰塞湖期间梨园水电厂日发电量

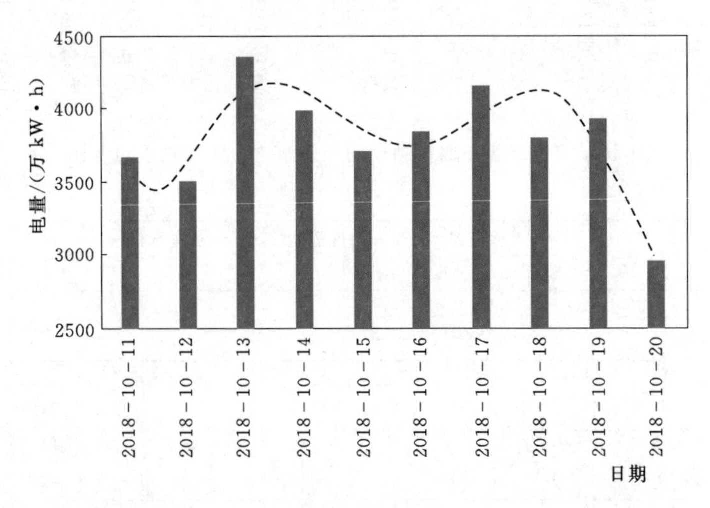

图 5.2-5 金沙江堰塞湖期间阿海水电厂日发电量

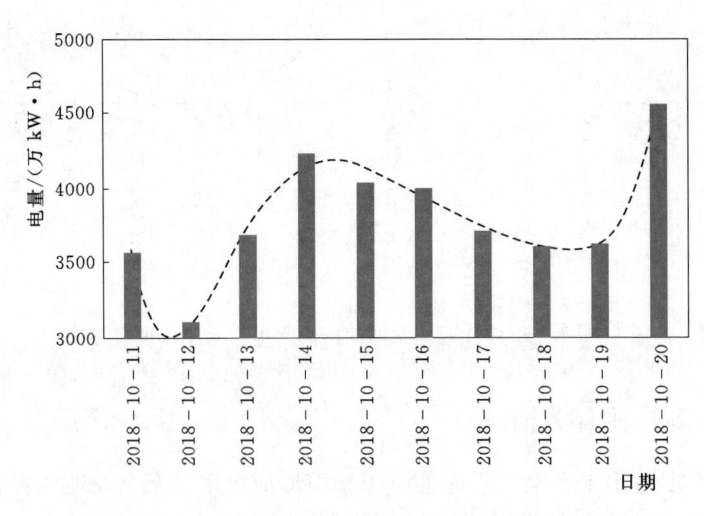

图 5.2-6 金沙江堰塞湖期间金安桥水电厂日发电量

案例三　珠江流域首次压咸补淡应急调水

一、实施时间

2005年1月17—31日。

二、实施背景

2004年汛后，珠江流域持续干旱少雨，广东、广西遭遇了50年一遇的干旱局面，珠江口出现了历史罕见的枯水，引起咸潮大规模上溯，严重影响到珠海、中山、澳门、广州等城市和珠江三角洲的供水安全。2005年年初，水利部珠江水利委员会针对咸潮及其对供水影响情况，首次启动了珠江流域应急水量调度，通过红水河流域天生桥一级、岩滩、大化、百龙滩、乐滩等水电厂水库（红水河梯级当时运行的全部水库）进行"压咸补淡"，其中最关键的补水环节是联合调度天一水电厂、岩滩水电厂水库水量，最终由岩滩水电厂通过发电控制出库流量的大小和持续时间，圆满完成了首次流域水量调度。

三、优化调度过程

（1）确定径流传播时间。通过流域径流或洪水资料分析计算，初步确定了天一水电厂出库至岩滩坝址的传播时间为40小时（平班、龙滩电厂未建成蓄水）；岩滩水电厂出库至珠江三角洲相关取水点传播时间为6～8天，并按此制定岩滩水电厂调水起讫时间。

（2）确定调水流量。通过实测资料分析和模型计算，以下游梧州水文站流量为判断标准，初步确定梧州站断面流量达1800m^3/s时方可满足珠三角地区供水安全需要，并按此制定岩滩水电厂出库流量。

（3）上游梯级补水。从1月17日开始，天生桥一级水库日均发电流量增加至560m^3/s，为岩滩水电厂水库补水，增加水库可调水量。

（4）岩滩水电厂水库蓄水：1月19—24日，岩滩水电厂水库发电流量按下游合山电厂取水最小流量350m^3/s控制，增加水库有效蓄水量。

（5）岩滩水库调水：1月24—31日，根据方案岩滩水电厂按1700m^3/s控制出库流量，由于处于枯季检修期，岩滩水电厂只有3台机组运行，高水头时发电流量为1630m^3/s，不足流量通过开闸泄流补充。调水压咸期间岩滩水电厂运行过程见表5.3-1。

表5.3-1　调水压咸期间岩滩水电厂运行过程

时间		水库水位/m	入库流量/(m^3/s)	出力/kW	发电流量/(m^3/s)	弃水流量/(m^3/s)	出库流量/(m^3/s)
1月24日	0时	219.30	700	567.6	1066	0	1066
	6时	219.17	732	855.1	1546	0	1546
	12时	219.02	778	847.4	1546	160	1706

续表

时间		水库水位/m	入库流量/(m³/s)	出力/kW	发电流量/(m³/s)	弃水流量/(m³/s)	出库流量/(m³/s)
1月25日	0时	218.60	750	904.3	1670	110	1780
	12时	218.16	760	900.8	1679	110	1789
1月26日	0时	217.75	801	902.7	1695	0	1695
	12时	217.33	770	904.4	1712	0	1712
1月27日	0时	216.91	784	903.3	1730	0	1730
	12时	216.46	760	900.8	1739	0	1739
1月28日	0时	216.00	750	899.9	1751	0	1751
	12时	215.53	740	877.9	1705	0	1705
1月29日	0时	215.08	742	871.2	1712	0	1712
	12时	214.61	754	862.7	1711	0	1711
1月30日	0时	214.13	740	860.4	1738	0	1738
	12时	213.63	750	847.3	1723	0	1723
1月31日	0时	213.36	760	408.4	869	0	869
	2时	213.39	750	183	1720	0	1720
	8时	213.46	761	126.5	1500	0	1500
	14时	213.49	709	199.1	600	0	600

(6) 调整电网方式：向上级调度机构申请安排下游电厂按日均出入库平衡调度，且适当降低峰谷差。

实施过程中，水利部珠江水利委员会派出多个协调小组，对关键水电厂、关键时间点、关键运行方式实行现场协调，确保实施过程与调度方案高度一致。

四、优化调度成效

(1) 完成了珠江流域“首次调水压咸”任务。在此次应急调水过程中，岩滩水电厂水库水位从219.40m下降到213.50m，共计调用水量5.3亿m^3，保证了调水任务圆满完成，缓解了珠三角地区淡水供应紧张的局面。调水压咸方案执行要点见表5.3-2。

(2) 进一步掌握了流域径流传播规律。在天一水电厂、岩滩水电厂水库补水过程中，水文部门加强了沿线水情、咸情的观测，针对径流传播时间和洪水波沿程变形等水文特征收集了一定的实际数据，为进一步研究流域径流传播规律提供了可靠的依据。

(3) 为后期的水量调度方案优化打好了基础。此次应急补水调度，给水利部门、电网、电厂积累了宝贵经验，实现了水量最大化利用。

表 5.3-2　　调水压咸方案执行要点

<table>
<tr><th colspan="2" rowspan="2">时间</th><th colspan="2">岩滩水电厂</th><th colspan="2">大化水电厂</th><th colspan="2">百龙滩水电厂</th><th colspan="2">乐滩水电厂</th></tr>
<tr><th>流量/(m³/s)</th><th>执行要点</th><th>流量/(m³/s)</th><th>执行要点</th><th>水位/m</th><th>执行要点</th><th>流量/(m³/s)</th><th>执行要点</th></tr>
<tr><td>1月19日</td><td>0时</td><td rowspan="10">350</td><td rowspan="10">控制日平均不大于控制值</td><td rowspan="10">370</td><td rowspan="10">1月24日零时水库水位必须蓄到155m</td><td></td><td></td><td rowspan="10">400</td><td rowspan="10">1月24日0时水库水位必须蓄到97.30m</td></tr>
<tr><td>1月20日</td><td>8时</td><td></td><td></td></tr>
<tr><td>1月20日</td><td>20时</td><td></td><td></td></tr>
<tr><td>1月21日</td><td>8时</td><td></td><td></td></tr>
<tr><td>1月21日</td><td>20时</td><td></td><td></td></tr>
<tr><td>1月22日</td><td>8时</td><td></td><td></td></tr>
<tr><td>1月22日</td><td>20时</td><td></td><td></td></tr>
<tr><td>1月23日</td><td>8时</td><td></td><td></td></tr>
<tr><td>1月23日</td><td>20时</td><td></td><td></td></tr>
<tr><td>1月23日</td><td>24时</td><td></td><td></td></tr>
<tr><td>1月24日</td><td>0时</td><td rowspan="3">1030</td><td rowspan="3">控制平均值及逐步加大</td><td rowspan="4"></td><td rowspan="4">维持水位</td><td rowspan="26">126</td><td rowspan="26">维持水位</td><td></td><td rowspan="13">维持水位</td></tr>
<tr><td>1月24日</td><td>8时</td><td>400</td></tr>
<tr><td>1月24日</td><td>12时</td><td></td></tr>
<tr><td>1月24日</td><td>12时</td><td rowspan="18">1700</td><td rowspan="18">不小于控制流量值</td><td></td></tr>
<tr><td>1月24日</td><td>14时</td><td rowspan="2">1080</td><td rowspan="2">控制平均值及逐步加大</td><td></td></tr>
<tr><td>1月24日</td><td>20时</td><td>600</td></tr>
<tr><td>1月25日</td><td>2时</td><td rowspan="6">1720</td><td rowspan="17">小于控制流量值</td><td></td></tr>
<tr><td>1月25日</td><td>8时</td><td>1300</td></tr>
<tr><td>1月25日</td><td>12时</td><td></td></tr>
<tr><td>1月25日</td><td>20时</td><td>1750</td></tr>
<tr><td>1月26日</td><td>8时</td><td>1750</td></tr>
<tr><td>1月26日</td><td>20时</td><td>1750</td></tr>
<tr><td>1月27日</td><td>8时</td><td rowspan="5">1900</td><td>1750</td></tr>
<tr><td>1月27日</td><td>20时</td><td rowspan="4">1950</td><td rowspan="4">不小于控制流量值</td></tr>
<tr><td>1月28日</td><td>8时</td></tr>
<tr><td>1月28日</td><td>20时</td></tr>
<tr><td>1月29日</td><td>8时</td></tr>
<tr><td>1月29日</td><td>20时</td><td rowspan="6">1720</td><td>1750</td><td rowspan="9">维持水位</td></tr>
<tr><td>1月30日</td><td>8时</td><td>1750</td></tr>
<tr><td>1月30日</td><td>20时</td><td></td></tr>
<tr><td>1月31日</td><td>2时</td><td></td></tr>
<tr><td>1月31日</td><td>8时</td><td rowspan="2">1030</td><td rowspan="3">控制平均值及逐步减少</td><td></td></tr>
<tr><td rowspan="2">1月31日</td><td rowspan="2">14时</td><td></td></tr>
<tr><td>420</td><td rowspan="3">1080</td><td rowspan="3">控制平均流量及逐步减少</td><td></td></tr>
<tr><td>1月31日</td><td>20时</td><td></td><td></td><td></td></tr>
<tr><td>2月1日</td><td>2时</td><td></td><td></td><td></td></tr>
</table>

五、本案例其他有关情况

流域上游骨干水库汛期进行拦蓄，汛末有效蓄率尽量达到70%以上，当出现异常气象灾害、海水上溯、环境污染事件等需要增加河道流量，以满足流域综合用水要求时，可结合水电厂或水库运行实况及电网运行方式，开展流域水量综合利用调度或应急补水。

案例四 广西龙江水体突发镉污染期间水库应急调度

一、实施时间

2012年1月中旬至2月下旬。

二、实施背景

1. 调度背景

2012年1月15日，广西龙江河宜州区怀远镇河段水质出现异常，广西河池市环保局在调查中发现龙江河拉浪水电厂坝首前200m处，镉含量超《地表水环境质量标准》(GB 3838—2002) Ⅲ类标准约80倍。

2. 应急响应

柳州市自2012年1月18日凌晨接到河池市通报后，成立应急指挥部，启动饮用水水源污染事故应急预案Ⅲ级响应，采取多项措施确保市民饮用水安全：一方面在柳江支流龙江河段糯米滩水电厂采取降解措施降低污染物浓度；另一方面调用柳江干流上游的麻石、浮石、古顶、大埔4座水电厂实施冲淡稀释；供水部门做好应急处置准备，保证在紧急情况下保持市民用水安全。

1月22日，广西壮族自治区启动突发环境事件应急预案，成立广西龙江突发环境事件应急指挥部，同时协调指挥河池、柳州两市的应急处置工作。

三、优化调度过程

为确保柳江下游沿岸尤其是柳州市的用水安全，结合污染事件发生后柳州、河池两市分别制订的调度方案以及融江上游浮石、麻石、古顶、大埔4座水电厂现有蓄水情况，应急指挥部形成“龙江憋住、重点糯米、控在西门、细水长流、决战柳江、逐步冲污、削减汇口、露塘达标、不出红花、夺取全胜”的指导思想，并制定调度原则和实施方案如下：

(1) 控制糯米滩水电厂下泄流量。为尽量减缓污染水体流入柳江的速度，应充分利用龙江各梯级水电厂进行调度，严格控制各水电厂的下泄流量。根据龙江干流、支流来水情况以及各梯级水电厂库容情况，在确保龙江上游各水电厂安全的前提下，通过调节龙江上游各水电厂下泄流量将糯米滩水电厂的下泄流量控制在$120m^3/s$以下，以削减污染带峰值，减缓污染带向下游移动速度。

(2) 调水方法。当接到应急中心调水指令后，首先使用麻石、浮石、古顶、大埔水电厂死水位以上库容，可调库容水量合计约 1 亿 m^3。

区间来水量由水文局以调水时监测的实际来水量而定。水库调节库容使用顺序：麻石、浮石、古顶、大埔。

麻石水电厂入库流量和水库水位过程如图 5.4-1 所示，大埔水电厂水库水位过程如图 5.4-2 所示，麻石水电厂和大埔水电厂出库流量过程如图 5.4-3 所示。

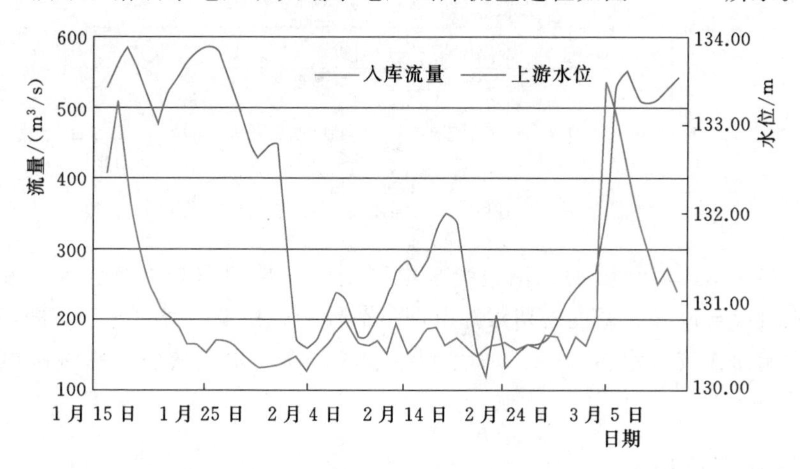

图 5.4-1 麻石水电厂流量和水库水位过程

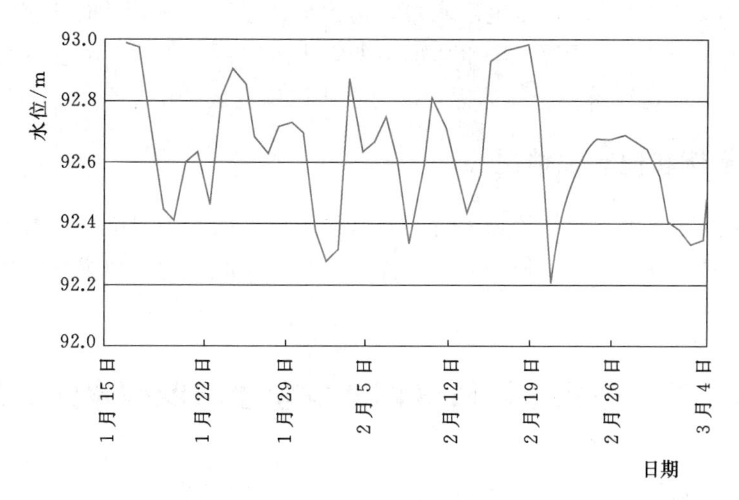

图 5.4-2 大埔水电厂水库水位过程

当麻石水电厂水位下降至死水位时，麻石水电厂保持死水位运行，根据实际来水保持平水运行，浮石水电厂增加下泄流量以保证古顶下泄流量，以此类推。

广西中调按照广西龙江河突发环境事件应急指挥部签发的应急水量调度执行方案，严格执行调度令，全力配合应急指挥部实施调水稀释水体污染物工作。广西中调通过电力在线调度平台 24 小时监控水电厂实时出力过程，确保相关水电厂严格执行调度令。

为配合应急指挥部做好调水稀释水体污染物工作，广西中调克服龙江、融江梯级水

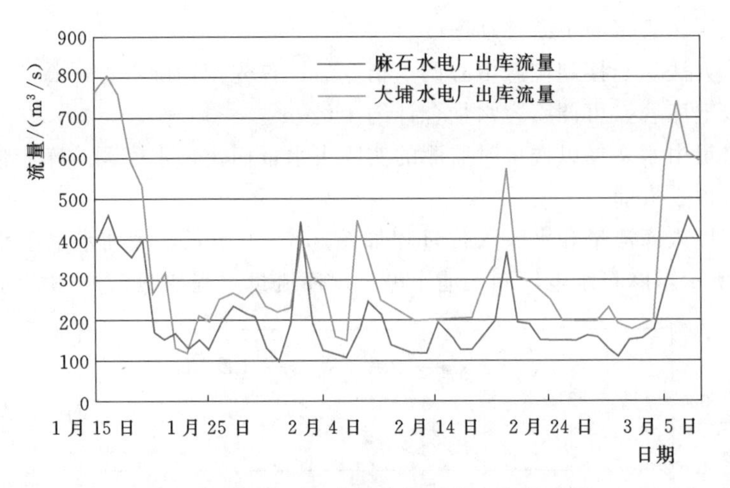

图 5.4-3　麻石、大埔水电厂出库流程过程

电厂不能调峰、出库流量因动态调整影响电网负荷安排的困难，通过采取外购高峰电力、火电机组参与调峰、调度密切跟踪电网负荷等措施积极应对。龙江、融江梯级水电厂受调水影响而在较低水位运行，增大了耗水率，损失水头效益，影响水电厂的经济调度。

四、优化调度成效

通过科学调控龙江、融江水电厂水量，达到了延缓污染物下移推进速度、稀释龙江与融江汇合口以下柳江河段镉污染水体的目的，为力保柳江水质镉浓度不超标发挥了重要作用。2月22日龙江水质全线达标，应急调水圆满完成。

五、本案例其他有关情况

该类优化调度适用于梯级流域上游具有季调节能力的龙头水电厂且具有足够可调水量，电网具备调节电力电量平衡的空间，能够满足一定时段内类似突发水体污染情况下的水量调度。

案例五　鲁布革水电厂库区船舶安全事故期间水库应急调度

一、实施时间

2018年8月23日18时26分—8月23日23时16分。

二、实施背景

2018年8月23日18时26分鲁布革水电厂大坝现场闸门值班员电话报告水调值班员，库区距大坝约5km处有一艘小船翻船，有5人落水，4人获救，1人失踪。该日18时26分水库水位1108.46m，入库流量352m^3/s，全厂4台机组处于满发状态，发电流量为 227m³/s，排沙洞泄洪闸门全开，泄洪流量为 268m³/s，总出库流量为 495m³/s。为确保库区搜救船只及人员的安全，需要紧急关闭泄洪闸门和发电进水口闸门。2018 年 8 月 23 日事故发生期间鲁布革水电厂闸门操作指令如图 5.5－1 所示。

发电生产管理系统　水库运行管理　杨关友，欢迎您　主页　退出　帮助
列表　水库运行管理
单号：2463　附件
描述：将排沙洞工作闸门由全开转为全关　地点：LBG
填写人：祝友生　状态：关闭
填写日期：2018-08-23 18:40:20　状态日期：2018-08-23 23:15:08
填票时间：　更改时间：2018-08-23 23:15:08
操作令编号：18056　更改人：余孝茹
调度操作开始时间：
调度操作结束时间：
发令人：祝友生　批准人：余孝茹　操作人：汪国俊
发令时间：2018-08-23 18:40:20　监护人：王文永　操作开始时间：2018-08-23 18:44:30
受令人：汪国俊　审核人：　操作结束时间：2018-08-23 18:51:35
受令时间：2018-08-23 18:43:56
操作前水库运行情况
栅前水位（m）：1,108.40
栅后水位（m）：1,107.14
入库流量（m3/s）：351.90
出库流量（m3/s）：494.20
预报流量（m3/s）：350.00
操作信息
操作目的：停止泄洪
操作方式：计算机
注意事项：
备注：

图 5.5－1　2018 年 8 月 23 日事故发生期间鲁布革水电厂闸门操作指令

三、优化调度过程

水调值班员接到报告后迅速行动，为配合此次事故搜救工作，根据上级部门指示，水调值班员 18 时 40 分按要求下达关闭泄洪闸门的操作指令，18 时 44 分至 18 时 51 分排沙洞工作闸门全关。18 时 54 分运行值班人员向南网总调调度汇报事故情况，申请机组全停配合搜救工作，19 时 1 分 4 台机组由满发转为全停，出库流量减小至 0，水库水位逐步上升。2018 年 8 月 23 日事故发生期间鲁布革水电厂运行值班记录如图 5.5－2 所示。

其后，鲁布革水电厂防汛办与政府部门加强沟通，跟进事故搜救进展。22 时 30 分搜救工作基本结束，接政府部门通知，鲁布革水电厂可以恢复正常发电。22 时 35 分鲁布革水电厂运行值班员汇报南网总调调度同意后，23 时 16 分逐步开启 4 台机组恢复满发。此时水库水位为 1110.02m，入库流量为 192m³/s。2018 年 8 月 23 日事故发生期间鲁布革水库水位过程如图 5.5－3 所示。

四、优化调度成效

成功开展库区发生船舶安全事故的应急调度，配合事故发生后人员的搜救工作，确保了库区搜救工作中搜救人员的人身安全。

发电生产管理系统　运行日志管理　杨关友，欢迎您　主页

值班日志　过滤器　第 1 - 16 个（共 16 个）

值班员	发生时间	事件描述
邹伦森	2018-08-23 23:26:00	设备运行正常。
邹伦森	2018-08-23 23:25:00	经总调王科许可，投入总调AGC控制。
邹伦森	2018-08-23 23:20:00	按总调计划曲线将#2机组由停机状态转为发电状态。邹伦森操作，08-23 23:17开始操作08-23 23:20，并网。球阀开启时间107秒。
邹伦森	2018-08-23 23:16:00	按总调计划曲线将#4机组由停机状态转为发电状态。邹伦森操作，08-23 23:13开始操作08-23 23:16，并网。球阀开启时间137秒。
邹伦森	2018-08-23 22:35:00	向总调王科汇报：今晚翻船事故搜救工作已结束，申请开机发电。王科通知等待发电计划更新。
邹伦森	2018-08-23 22:34:00	生产技术部李顽华主任通知：今晚翻船事故搜救工作已结束，可以申请开机发电。
邹伦森	2018-08-23 22:06:00	生产技术部李顽华主任通知：在我厂库区水位如果接近汛限水位1113.50米时，及时通知搜救工作人员，通过机组发电控制水库水位不超汛限水位。已汇报总调杜旭。
邹伦森	2018-08-23 21:28:00	向总调杜旭申请：由于搜救工作尚未完成，修改发电计划(22:00至23:30发电计划为0），已许可。
邹伦森	2018-08-23 19:55:00	总调王巍通知已修改发电计划(19:15--22:00发电计划为0)。
邹伦森	2018-08-23 19:01:00	按总调计划曲线将#4机组由发电状态转为停机状态。邹伦森操作，08-23 18:58开始操作08-23 19:01，解列。制动电流：5.79kA，球阀关闭时间121秒。
邹伦森	2018-08-23 19:00:00	按总调计划曲线将#1机组由发电状态转为停机状态。邹伦森操作，08-23 18:57开始操作08-23 19:00，解列。制动电流：5.59kA，球阀关闭时间122秒。
邹伦森	2018-08-23 18:59:00	按总调计划曲线将#3机组由发电状态转为停机状态。邹伦森操作，08-23 18:56开始操作08-23 18:59，解列。制动电流：5.58kA，球阀关闭时间129秒。
邹伦森	2018-08-23 18:59:00	按总调计划曲线将#2机组由发电状态转为停机状态。邹伦森操作，08-23 18:56开始操作08-23 18:59，解列。球阀关闭时间121秒。
邹伦森	2018-08-23 18:54:30	向总调楼楠申请：由于我厂水库上游出现翻船事故（船上5人，4人已获救，1人尚未找到），向总调申请将机组全停。楼南许可立即将机组全停，搜救结束后申请开机发电。
邹伦森	2018-08-23 18:54:00	张宗训通知：由于我厂水库上游出现翻船事故（船上5人，4人已获救，1人尚未找到），向总调申请将机组全停。
邹伦森	2018-08-23 16:00:00	水库水位：1109.04米，入库流量：458.41立方米每秒。

图 5.5－2　2018 年 8 月 23 日事故发生期间鲁布革水电厂运行值班记录

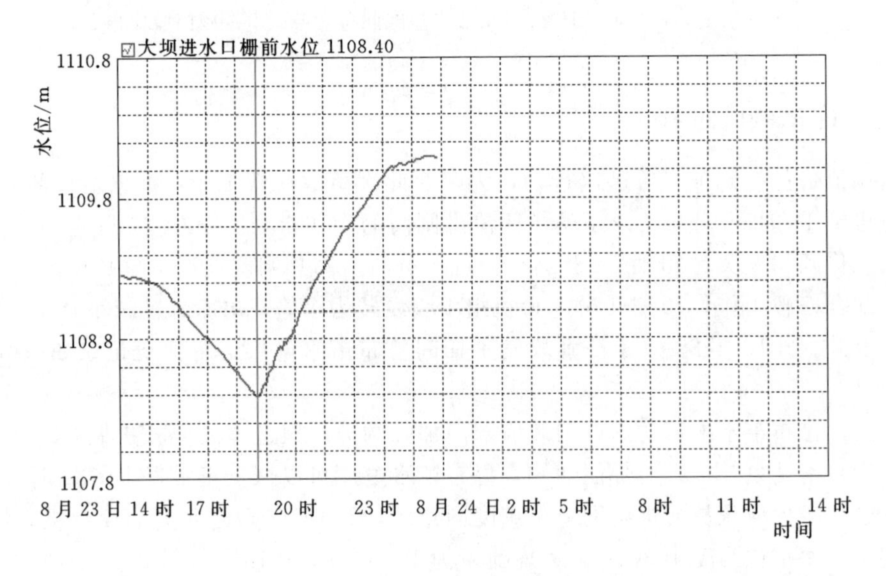

图 5.5－3　2018 年 8 月 23 日事故发生期间鲁布革水库水位过程

五、本案例其他相关情况

本案例适用于各种调节性能的水电厂相同或相似情况下的应急调度。

案例六 长洲枢纽船闸滞航应急调度

一、实施时间

2019 年 9 月 25 日—10 月 10 日。

二、实施背景

受降雨连续偏少影响，9 月下旬开始长洲水电厂入库流量大幅度下降。从上中旬的 4000～6000m^3/s，逐步减少到 2500m^3/s。长洲水电厂前期入库流量对通航非常有利，下旬随着长洲水电厂入库流量的减少，国庆节前后，长洲船闸重载吃水深的船舶无法正常航行，出现了较为严重的滞航现象。2019 年 9 月 1 日—10 月 9 日长洲水电厂入库流量过程如图 5.6-1 所示。

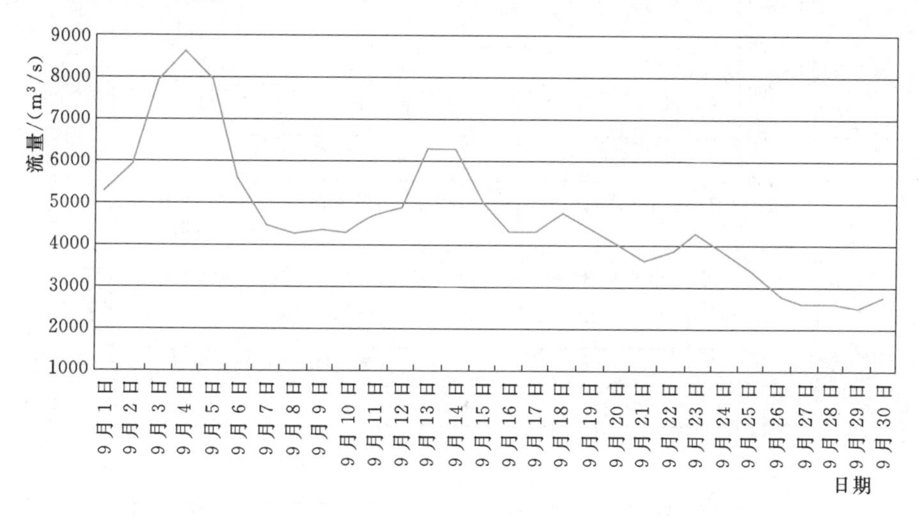

图 5.6-1 2019 年 9 月 1 日—10 月 9 日长洲电厂入库流量过程

三、优化调度过程

9 月中旬末，广西中调根据上游发电计划和来水情况，通知长洲水电厂下旬入库流量将大幅度减少，要求其根据通航协调机制，提前做好应对预案，及时向航运主管部门汇报水情变化，做好信息通报和协调。9 月 30 日，再次向长洲水电厂通报，由于国庆节期间电网负荷下降，上游各主要水电厂下泄流量将进一步减少。

国庆长假后期，长洲断面航运量增加，但入库流量有所下降，10 月 4 日长洲船闸滞航待闸船达 500 艘以上，梧州市西江黄金水道通行事件突发后，广西交通厅联合有关单位成立应急指挥部并启动了Ⅲ级（较大）应急响应。根据通航突发事件应急响应机制应急指挥部向广西电网公司发函，请求加大上游主要水库下泄流量，以缓解长洲滞航现象。

广西电网公司收悉应急请求后，与水电厂、交通、港航、船闸、海事等部门共同分析长洲滞航情况，制定相应措施，在满足梯级机组用水匹配的基础上，首先由距离长洲船闸最近的有调节能力的西津水电厂实施补水，西津水电厂发电流量由 $500m^3/s$ 提高至 $1000m^3/s$，快速提高长洲入库流量；其次争取南网总调支持，在满足电网电力电量平衡和梯级水电厂用水匹配的情况下，增加龙滩水电厂发电流量。龙滩水电厂发电流量由 $600m^3/s$ 提高至 $1600m^3/s$。同时右江水电厂发电流量由 $160m^3/s$ 提高至 $400m^3/s$。通过红水河、郁江上游两个龙头水电厂和梯级水电厂的联合调度，维持了长洲后续入库流量持续上升。2019 年 9 月 30 日—10 月 12 日龙滩水电厂入库、出库流量过程如图 5.6-2 所示，2019 年 9 月 30 日—10 月 9 日右江水电厂入库、出库流量过程如图 5.6-3 所示，2019 年 9 月 30 日—10 月 9 日西津水电厂入库、出库流量过程如图 5.6-4 所示。

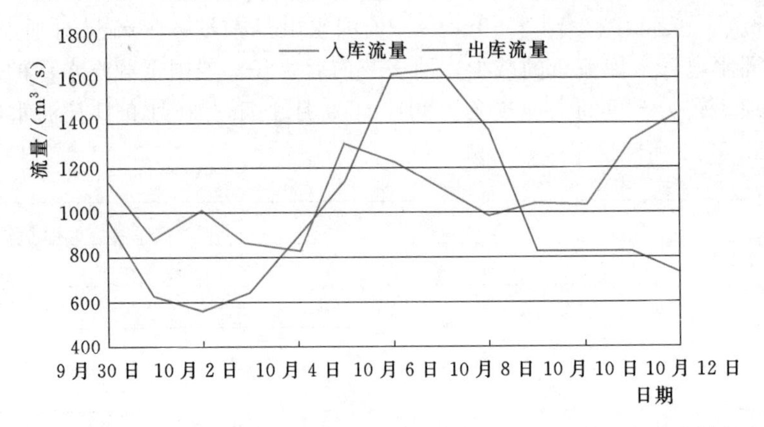

图 5.6-2 2019 年 9 月 30 日—10 月 12 日龙滩水电厂入库、出库流量过程

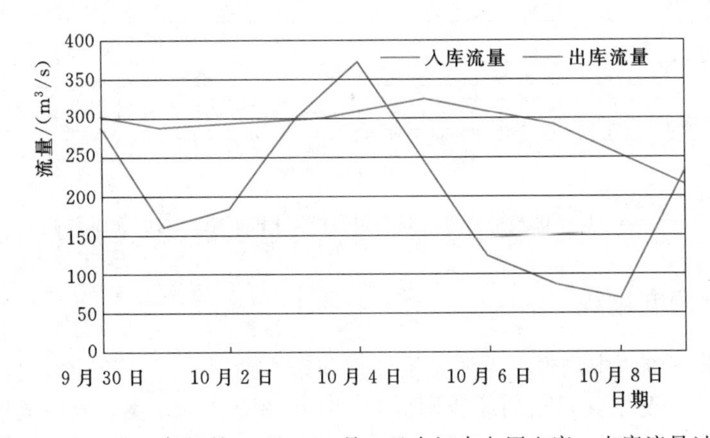

图 5.6-3 2019 年 9 月 30 日—10 月 9 日右江水电厂入库、出库流量过程

广西中调通过应急协调机制，逐日向长洲水电厂通报上游主要水电厂发电情况，并安排长洲水电厂不参与电网调峰，同时要求长洲水电厂发挥综合用水主体作用，一方面做好来水预测，逐日滚动预测 5 日内的入库流量；另一方面根据通航需要，结合入库情况，利用库容在局部时段加大发电流量，安排重载吃水深度大的船只过闸。同时做好信息通报工作，配合交通、航运部门根据流量变化情况，科学合理统筹上、下游船闸通行安排和有序管控船只通行进度，确保行船安全。避免滞航事件升级。

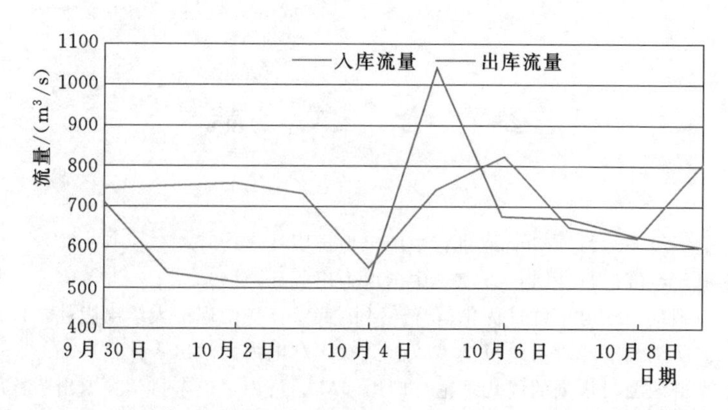

图 5.6-4　2019 年 9 月 30 日—10 月 9 日西津水电厂入库、出库流量过程

四、优化调度成效

通过南网总调和广西中调两级调度，以及各方的共同努力，10 月 5 日起长洲水电厂入库流量逐步增加，由调度前的 2100m^3/s 逐步上升至 3100m^3/s，长洲船闸通航能力大幅度上升，恢复 24 小时通航。10 月 7 日长洲船闸滞航船只数量大幅度下降，达到应急预警数量以下，应急指挥部解除了梧州西江黄金水道通航突发事件Ⅲ级（较大）应急响应。

五、本案例其他有关情况

该类梯级优化调度适用于流域梯级上游有调节能力较强的龙头水电厂，关键电厂有较为复杂和重要综合用水需求，同时电网具有一定的水火电发电调节空间，可以满足一段时间内的应急调度。

参 考 文 献

[1] 李钰心. 水电厂经济运行 [M]. 北京：中国电力出版社，1997.

[2] 张勇传. 水电厂经济运行 [M]. 北京：中国电力出版社，1998.

[3] 张英贵. 电力系统中水电厂群日优化运行 [M]. 武汉：华中理工大学出版社，1994.

[4] 陈惠源. 江河防洪调度与决策 [M]. 武汉：武汉水利电力大学出版社，1999.

[5] 董子敖. 水库群调度与规划的优化理论与应用 [M]. 济南：山东科学技术出版社. 1989.

[6] 陈森林. 水电厂水库运行与调度 [M]. 北京：中国电力出版社，2008.